# 仪 器 光 学

薛鸣球　编著
沈为民　校对

科学出版社

北 京

# 内 容 简 介

全书共 6 章. 第 1~3 章主要介绍光学系统设计要点，第 1 章阐明了光学系统拉氏不变量及其与光能和信息传递的关系；第 2 章阐述了光学系统参数和外形尺寸计算方法与过程，通过高倍短筒望远镜、长焦距望远摄影物镜及变焦距摄影系统等典型例子介绍光学总体设计方法；第 3 章在概述光学传递函数理论及其计算和测量方法的基础上，重点阐述其在光学系统总体设计和质量评估中的运用. 第 4~6 章分别阐述星体测量相机、光谱仪器、高速摄影系统设计研制过程中的光学总体问题及其解决方法.

本书可作为光学工程专业高年级本科生和研究生的教材和教学参考书，也可供从事应用光学、光学设计、光学仪器及仪器仪表等领域研究、设计与研制开发的人员阅读与参考.

**图书在版编目(CIP)数据**

仪器光学 / 薛鸣球编著. —北京：科学出版社，2020.10
ISBN 978-7-03-059498-3

Ⅰ. ①仪⋯ Ⅱ. ①薛⋯ Ⅲ. ①光学仪器 Ⅳ. ①TH74

中国版本图书馆 CIP 数据核字(2020)第 184382 号

责任编辑：罗 吉 孔晓慧 / 责任校对：何艳萍
责任印制：吴兆东 / 封面设计：蓝正设计

科 学 出 版 社 出版
北京东黄城根北街 16 号
邮政编码：100717
http://www.sciencep.com

北京厚诚则铭印刷科技有限公司印刷
科学出版社发行　各地新华书店经销

*

2020 年 10 月第 一 版　开本：720 × 1000　B5
2025 年 1 月第六次印刷　印张：12 1/4
字数：247 000
**定价：59.00 元**
(如有印装质量问题，我社负责调换)

# 序

  我的老师薛鸣球院士是我国光学设计奠基人之一,《仪器光学》讲义汇集了薛老师多年的研究心得. 20 世纪 70 年代他在长春光学精密机械学院授课时编写了这部讲义, 80 年代初在中国科学院西安光学精密机械研究所(西安光机所)给研究生授课时进行了修改和完善. 这部讲义的思想和内容源于实际工作, 深受广大教师、学生和科研人员的喜爱, 是众多科研院所、高等院校研究生用教材. 为完成老师的夙愿和满足广大读者的期待, 议定由苏州大学负责校对等工作, 以早日付梓出版.

  《仪器光学》着重讨论光学仪器的光学总体问题, 为进一步开展光学系统最优化设计奠定基础, 是光学设计工作中首先要解决的核心问题. 该书是薛老师多年从事光学仪器设计思想与方法的集中体现, 旨在让读者能够明白如何根据仪器总体功能、指标要求和使用条件, 运用物理光学、几何光学和相关学科知识, 着手解决光学仪器的光学总体问题. 该书从光能、光信息量传递规律出发, 通过具体的望远镜、显微镜、变焦摄影系统、星体测量相机、光谱仪器及高速摄影系统等典型例子, 阐明光学总体问题的思考、推算方法和过程, 以让读者能够更自如地运用知识, 更准确地了解和把握光学仪器中的光学整体问题.

  本着尽可能保存薛老师思考和设计光学仪器的思想方法的原则, 在校对过程中, 只进行了文字校对、目录重编、公式编号、插图绘制等, 以保持原讲义的风貌. 该书的编著和出版离不开薛鸣球院士众多同事、部下等的全力支持和辛勤工作, 难以一一列举, 在此一并表示感谢! 衷心感谢为此书顺利付梓出版而努力的所有人!

  最后, 感谢恩师留给我们《仪器光学》这样宝贵的财富! 相信读者能够从中体会到薛老师等老一辈科学家的智慧和求实创新的精神, 由此领悟和学会自主设计光学仪器的精髓.

姜会林

2020 年 3 月于长春

# 前　言

　　光学仪器在人们认识世界与改造世界的过程中发挥着重大的作用. 近代的光学仪器与电子技术、计算机技术结合起来，正越来越大地发挥其威力. 随着光电光度和放大显示技术、图像量化技术不断地被应用到光学仪器中来，综合技术性强的新光学装备不断出现.

　　以前光学仪器的总体设计的部分工作是靠计算分析，但也有不少工作是凭经验的. 再早一些时候，光学仪器中的光学系统设计也是凭经验来完成的. 现代的光学系统设计工作则由于快速电子计算机的应用，已逐步地由"艺术"变成"科学". 设计的质量、评价的方法越来越精密，越来越符合实际的要求. 相信光学仪器的总体设计工作也会逐步走向科学化. 我们这本书取名为《仪器光学》，是希望在这方面做一些工作，把一些问题进行归纳和分析，提出一些总的看法，从更综合的方面来考虑仪器的光学问题. 仪器光学区别于光学仪器，光学仪器是讨论它的总体问题及各种主要的机构，而仪器光学则着重讨论仪器中的光学总体问题. 仪器光学与物理光学、几何光学有联系，但区别也是很明显的. 物理光学、几何光学讨论的是各自光学中的普遍问题，而仪器光学则讨论这些知识在仪器中应用时的有关问题.

　　现在还不能认为光学仪器总体工作已经发展到了完全成熟的地步，对它们的讨论还是经验性、个别性的较多. 把一个仪器作为整体来考虑，它们各自的单元技术参数与其总的性能指标之间的关系还不能认为已经达到了具有高度科学性和系统性的程度. 光学总体工作也还是如此. 仪器光学是希望在已有基本光学知识及有关仪器知识的基础上，在更概括的高度上来讨论它们之间的内在联系，得出一些更一般的结果，以期对仪器中的光学问题有更深刻的了解与掌握，对光学知识的运用能更自如，促使光学仪器向更高水平发展.

　　光学仪器中的各部分是相互联系的，它们的共同点是：它们都是传递光学能量和光学信息量的环节. 仪器的优劣在于它能够传递的能量大小、信息量大小以及信号是否因传递而变形. 所以光学仪器的成像过程可以分成三个方面来描述：首先是能量方面，也就是物体、光学系统和接收器的光度性质；其二是它的成像特性方面，也就是它能分辨的光学信号在空间和时间方面的细致程度；其三是噪声方面，它决定接收到的信号的不稳定程度或可靠性. 这些信息的传递最后总是为人们所感知，于是这些能量与信息量的传递要求是与人眼的性能密切相关的.

这里还有一个信息传递的速率问题，即在每单位时间内能获得的信息量和能传递的信息量，这也是一个重要的指标.

根据上面所述的情况，我们可以考虑用经系统传递后的光信号强度、分辨能力、信噪比和信息传递速率这四者的乘积作为评价系统的标准. 当然这些评价对具体的光学仪器应有不同的要求，但至少可以进行粗略的判断，以便看到内部的联系，发现其中的薄弱环节.

前述的光学成像不单指几何光学方法实现的成像问题，也可以是物理光学方法实现的成像问题. 近代发展起来的全息技术是这方面的突出例子. 实际上，过去的菲涅耳波带板成像、泽尼克相位显微术成像都是这方面的例子.

根据上述要求，本书第1章和第2章分别介绍与光学整体设计有关的拉氏不变量和外形尺寸计算，阐明拉氏不变量与光能传递和光学信息量的关系，用高倍短筒望远镜、长焦距望远摄影物镜、显微镜及多种变焦距光学系统阐述外形尺寸计算方法. 第3章讨论可以评价光学整体各个环节成像特性的光学传递函数(OTF)及其用来评价质量的方法，举例给出在显微镜系统、光刻微缩系统、电视摄像物镜、电影摄影物镜、制版镜头、望远镜系统质量评价中的应用. 第4章、第5章、第6章分别以星体测量相机、光谱仪器、高速摄影系统这些典型光学仪器为例，讨论光学整体问题的考虑方法.

本书许多内容的叙述和讨论还是简略的，很多方面还要靠以后的实践经验和理论工作来进一步完善.

薛鸣球

# 目　　录

序
前言
第1章　拉氏不变量 ·································································· 1
1.1　拉氏不变量与其他几何光学定律 ·········································· 1
1.2　拉氏不变量与光能的传递 ················································· 4
1.3　拉氏不变量与实际光学信息量 ············································ 5
参考文献 ··············································································· 7
第2章　光学系统参数和外形尺寸计算 ·············································· 8
2.1　望远镜系统 ···································································· 8
2.1.1　高倍短筒望远镜 ························································ 8
2.1.2　长焦距望远摄影物镜 ················································· 11
2.2　显微镜系统 ··································································· 15
2.3　摄影系统 ······································································ 17
2.3.1　变焦距系统高斯光学 ················································· 17
2.3.2　长焦距电视变焦距物镜 ··············································· 27
2.3.3　变焦距显微照相物镜 ················································· 28
2.3.4　电视跟踪用变焦距物镜 ··············································· 30
参考文献 ··············································································· 32
第3章　光学传递函数的应用 ······················································· 33
3.1　OTF 的基本概念 ····························································· 33
3.2　光学系统 OTF 的计算和测量 ··············································· 36
3.2.1　光学系统 OTF 的计算 ················································· 36
3.2.2　光学系统 OTF 的测量 ················································· 45
3.3　其他环节的传递函数 ························································ 47
3.3.1　人眼 ··································································· 47
3.3.2　底片 ··································································· 49
3.3.3　摄像管 ································································· 50
3.3.4　微通道板 ······························································ 50
3.3.5　大气抖动 ······························································ 51

　　　3.3.6　机械扰动 ································································ 52

　　　3.3.7　像移 ···································································· 52

　　　3.3.8　光学投影屏 ···························································· 53

　　3.4　用 OTF 评价光学系统质量 ················································ 53

　　　3.4.1　切线法 ································································ 54

　　　3.4.2　低对比分辨能力法 ······················································ 55

　　　3.4.3　特征频率法 ···························································· 58

　　3.5　典型光学系统质量评价 ···················································· 59

　　　3.5.1　显微镜系统 ···························································· 59

　　　3.5.2　光刻微缩系统 ·························································· 61

　　　3.5.3　电视摄像物镜 ·························································· 62

　　　3.5.4　电影摄影物镜 ·························································· 63

　　　3.5.5　制版镜头 ······························································ 64

　　　3.5.6　望远镜系统 ···························································· 65

　参考文献 ···········································································66

第 4 章　星体测量相机 ·······························································67

　4.1　绪言 ···········································································67

　4.2　传输通道中各环节的传递特性 ·············································· 68

　　　4.2.1　目标和背景的光度特性 ·················································· 68

　　　4.2.2　大气传输条件 ·························································· 70

　　　4.2.3　光学系统对信息传递的影响 ·············································· 71

　　　4.2.4　照相底板特性的考虑 ···················································· 72

　4.3　光学信息的可探测性 ······················································ 72

　　　4.3.1　运动物体角速度产生的像移量 ············································ 72

　　　4.3.2　大气抖动引起的像点扩散 ················································ 73

　　　4.3.3　光学系统产生的像点扩散 ················································ 73

　　　4.3.4　温度变化引起的像点扩散 ················································ 74

　　　4.3.5　感光底板引起的像点扩散 ················································ 74

　　　4.3.6　快门振动引起的像点扩散 ················································ 74

　　　4.3.7　目标像点尺寸的确定 ···················································· 74

　　　4.3.8　目标和背景对比度的考虑 ················································ 75

　　　4.3.9　目标曝光量的计算 ······················································ 77

　4.4　光学系统参数的确定 ······················································ 77

　　　4.4.1　星等与光学系统口径和焦距的关系 ········································ 78

　　　4.4.2　视场和焦距的确定 ····················································· 79

　　4.5　光学系统的技术要求及质量评价 ··············································· 81
　　　　4.5.1　对镜头的像差要求 ······························································· 82
　　　　4.5.2　机械结构对光学系统的要求 ················································ 82
　　　　4.5.3　光学系统的质量评价 ··························································· 83
　　参考文献 ·············································································· 84
第5章　光谱仪器 ····································································· 85
　　5.1　绪言 ·············································································· 85
　　5.2　色散棱镜 ········································································ 85
　　　　5.2.1　棱镜的色散和利用率 ··························································· 86
　　　　5.2.2　棱镜的波长分辨能力 ··························································· 89
　　　　5.2.3　棱镜的缺陷 ······································································· 89
　　　　5.2.4　几种色散棱镜光谱装置 ······················································· 93
　　5.3　平面衍射光栅 ·································································· 95
　　　　5.3.1　光栅衍射色散 ··································································· 95
　　　　5.3.2　分辨能力 ········································································· 96
　　　　5.3.3　光栅的谱线弯曲 ································································ 97
　　　　5.3.4　几种平面光栅光谱装置 ······················································· 99
　　5.4　凹面光栅 ········································································ 100
　　　　5.4.1　球面反射光栅的光程表示式 ················································ 101
　　　　5.4.2　光栅方程 ········································································· 103
　　　　5.4.3　聚焦条件 ········································································· 104
　　　　5.4.4　可见光和近紫外凹面光栅装置 ············································· 105
　　　　5.4.5　真空紫外凹面光栅装置 ······················································· 108
　　　　5.4.6　凹面光栅装置性能比较和像散讨论 ······································· 109
　　5.5　阶梯光栅 ········································································ 113
　　5.6　法布里–珀罗标准具 ························································ 115
　　　　5.6.1　反射膜的性质和条纹的形状 ················································ 115
　　　　5.6.2　条纹的色散 ······································································· 119
　　　　5.6.3　谱线叠级情况 ··································································· 119
　　　　5.6.4　分辨本领 ········································································· 119
　　5.7　傅里叶干涉分光计 ·························································· 121
　　5.8　光谱仪用的光学系统 ······················································ 123
　　　　5.8.1　典型光谱仪光学系统组成 ··················································· 123
　　　　5.8.2　成像系统 ········································································· 124
　　　　5.8.3　照明系统 ········································································· 128

5.9 光谱仪器的光学总体问题 ·················· 131
5.9.1 双光束红外分光光度计简介 ·············· 131
5.9.2 分辨能力 ··························· 132
5.9.3 信号噪声比 ························· 136
5.9.4 主要光学元件的技术参数 ·············· 138
参考文献 ······························· 140

第6章 高速摄影光学 ························· 141
6.1 绪言 ································ 141
6.2 高速摄影的种类 ······················ 142
6.3 棱镜补偿相机中的棱镜 ·················· 145
6.3.1 经棱镜后的像点坐标变化 ·············· 145
6.3.2 像点的位移速度 ····················· 147
6.3.3 棱镜参数计算 ······················ 150
6.3.4 旋转棱镜的像差 ····················· 152
6.4 转镜高速摄影机光学 ··················· 156
6.4.1 转镜扫描相机的时间分辨率 ············· 156
6.4.2 几种转镜分幅相机的光学结构 ··········· 159
6.4.3 信息量问题 ························· 161
6.5 反射镜补偿法 ······················· 163
6.5.1 基本工作原理 ······················ 163
6.5.2 轴外物点的成像关系 ················· 164
6.5.3 轴外像点的像移 ····················· 167
6.5.4 进一步减小像移的方法 ················ 170
6.5.5 会聚光束中的补偿旋转反射镜 ··········· 174
6.6 棱镜环和透镜环的补偿系统 ··············· 176
6.7 同一照片上记录多个像的方法 ············· 177
6.8 线缝记录法的光学问题 ················· 181
6.9 全息高速摄影 ······················· 182
6.10 高速摄影用的光学系统 ················· 184
参考文献 ······························· 185

拉氏不变量是几何光学基本定律之一，它表示在同轴光学系统的近轴区域存在一个对整个系统不变的量. 它表明轴上一点所发出的光线与光轴的夹角 $u$(包括像方光线与光轴的夹角 $u'$)发生变化时，垂轴倍率也随之而变. 或者说，任何同轴系统的近轴倍率可表示为 $nu$ 与 $n'u'$ 之比. 实际上，角与倍率的关系在更普遍的条件下也同样成立. 由于这个原因，我们才要求光学系统满足正弦条件，以便近轴点成像理想. 由于它在广泛意义下都同样成立，我们在光学系统设计时一定要经常考虑它，才不致产生谬误.

## 1.1　拉氏不变量与其他几何光学定律

当我们考虑光能量传播问题时，最粗略的要求就是遵守几何光学基本定律，一般所述的几何光学基本定律是指光线的直线传播律、光束独立律、折射定律和反射定律. 其中折射定律和反射定律涉及数量间的关系，而反射定律是折射定律的特例. 从近代光学的观点来看，这些定律中有些已经需要加以补充. 例如，对于梯度折射率光学材料来说，即使从几何光学来看，光线在其中也不再是直线传播.

随着问题性质的不同，对于与数量有关的几何光学定律可以使用不同的表述方法，而使结论易于得到. 由光线光路的概念出发时，有折射定律和拉氏不变量；由波面的概念讨论几何光学时，有费马原理和马吕斯定律. 它们之间的关系类似于力学中哈密顿原理与牛顿三定律的关系. 应用费马原理易于得出一些与光学系统具体结构无关的普通原则；折射定律则比较直观，是光线光路与光学系统结构之间直接联系所用的定律；拉氏不变量则在系统的能量传递和信息量传递上表现出比较直观的作用.

这四种几何光学定律的表达方法是可以互相推导出来的，下面我们用费马原理来推导出拉氏不变量. 参看图 1-1，$A$ 是轴上一点，$A'$ 是其完善像点，无限邻近 $A$ 点的垂轴方向有一点 $A_1$，$A_1'$ 是其完善像点，则物高 $AA_1 = \eta$，像高 $A'A_1' = \eta'$. 过 $A$ 点作光线 $OAB$，与轴夹角为 $u$，经折射后沿方向 $B'A'O'$ 射出，与轴夹角为 $u'$. 过 $O$ 点引光线 $OA_1C$ 与轴成 $u + \mathrm{d}u$ 角，此光线折射后沿方向 $C'A_1'O'$ 射出，与轴成 $u' - \mathrm{d}u'$ 角.

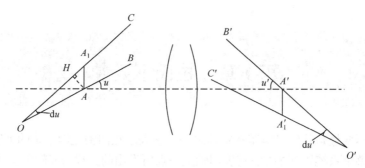

图 1-1　推导拉氏不变量的光线示意图

由于 $\eta$ 和 $\eta'$ 都是小量，故 $\mathrm{d}u$ 和 $\mathrm{d}u'$ 也是小量，根据费马原理，有

$$[OCC'O'] = [OBB'O'] \tag{1.1.1}$$

即

$$nOA_1 + [A_1A_1'] + n'A_1'O' = nOA + [AA'] + n'A'O' \tag{1.1.2}$$

故

$$n(OA_1 - OA) + [A_1A_1'] - [AA'] + n'(A_1'O' - A'O') = 0 \tag{1.1.3}$$

式中 [⋯] 表示光程，$n$ 和 $n'$ 分别是物方和像方空间的折射率.

自 $A$ 点向 $OC$ 作垂线，垂足为 $H$，则由于 $\mathrm{d}u$ 很小，$A_1H = \eta\sin u$，因此

$$OA_1 - OA \approx A_1H = \eta\sin u \tag{1.1.4}$$

同理

$$A_1'O' - A'O' \approx -\eta'\sin u' \tag{1.1.5}$$

将 (1.1.4) 式和 (1.1.5) 式代入 (1.1.2) 式，有

$$n'\eta'\sin u' - n\eta\sin u = [A_1A_1'] - [AA'] \tag{1.1.6}$$

因为 $A'$ 是 $A$ 的完善像，$A_1'$ 是 $A_1$ 的完善像，即通过 $A$、$A_1$ 的光线全部分别通过 $A'$ 和 $A_1'$，亦即光程与孔径角 $u$ 无关. 取一对特殊的 $u$ 和 $u'$ 时的光程差 $[A_1A_1'] - [AA']$ 即可代表一般情况下的光程差，取 $u = u' = 0$ 时，由 (1.1.6) 式可得

$$[A_1A_1'] - [AA'] = 0 \tag{1.1.7}$$

及

$$n'\eta'\sin u' = n\eta\sin u \tag{1.1.8}$$

这是正弦条件，在近轴光学情况，$u$、$u'$ 均较小，有拉氏不变量

$$j = n'\eta'u' = n\eta u \tag{1.1.9}$$

由此即可得出系统的垂轴放大倍率

$$\beta = \frac{\eta'}{\eta} = \frac{nu}{n'u'} \tag{1.1.10}$$

　　由拉氏不变量也易于求出物空间成理想像时应满足的条件——正弦条件和赫歇尔条件.

　　当物空间一点所发出的光束通过光学系统在像空间成理想像聚焦于一点后，若要求垂直于此光束轴线上邻近点成像也理想，则此光束结构需满足正弦条件. 在图 1-2 中，$A$ 点是成理想像的点，成像光束以 $OA$ 为轴. 若要求 $B$ 点成像也理想，则由拉氏不变量，有

$$n\eta \cos\theta \mathrm{d}\theta = n'\eta' \cos\theta' \mathrm{d}\theta' \tag{1.1.11}$$

在此以 $\eta\cos\theta$ 代替以前式中的 $\eta$ 是由于线段 $AB$ 与所讨论的光束不垂直. 若$\theta$在 0 到$\theta$范围内的光束都射到同一高度 $\eta'$ 的点，则(1.1.11)式可积分得出

$$n\eta \sin\theta = n'\eta' \sin\theta' \tag{1.1.12}$$

这就是正弦条件. 从推导公式的过程可以看到满足正弦条件的轴外成理想像的点是指在大孔径及小视场的情况下成立的.

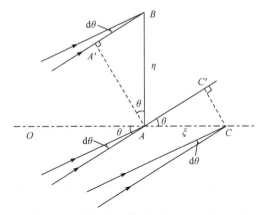

图 1-2　推导正弦条件和赫歇尔条件的光线示意图

　　假若我们要求光束轴上距 $A$ 点的长度为 $\zeta$ 的点 $C$ 成像理想，同上可得

$$n\zeta \sin\theta \mathrm{d}\theta = n'\zeta' \sin\theta' \mathrm{d}\theta' \tag{1.1.13}$$

于是，积分得出

$$n\zeta(1 - \cos\theta) = n'\zeta'(1 - \cos\theta') \tag{1.1.14}$$

或

$$n\zeta \sin^2 \frac{\theta}{2} = n'\zeta' \sin^2 \frac{\theta'}{2} \tag{1.1.15}$$

这就是轴向线段成像理想需满足的赫歇尔条件.

由正弦条件要求,$\theta$ 与 $\theta'$ 之间的关系必须使其正弦之比为定值;而赫歇尔条件要求 $\theta/2$ 与 $\theta'/2$ 的正弦平方比为定值. 因此,凡垂轴线段成像理想时,轴向线段一定成像不理想. 在此,轴是任意选定的,因此我们不能要求光学系统对整个空间成理想像,只能要求对一定物面成理想像,假如必须有这一要求,要采取其他的措施.

另外,我们从像差理论中也可以看到,正弦条件还与无畸变的共线成像要求——正切条件相矛盾.

## 1.2　拉氏不变量与光能的传递

拉氏不变量是可以由能量守恒定律的概念导出来的,所以它与光学系统中光能的传递有着直接的联系. 图 1-3 中 L 为光学系统,$\eta$、$\eta'$ 分别是物高和像高,$u$、$u'$ 分别是物方孔径角和像方孔径角,物方和像方的折射率分别是 $n$ 和 $n'$. 若物方的亮度为 $B$,像方的亮度为 $B'$,略去光学系统的光能损失不计时,有

$$\frac{B}{n^2} = \frac{B'}{n'^2} \tag{1.2.1}$$

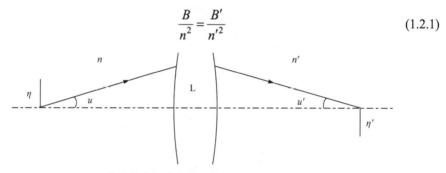

图 1-3　由光能守恒定律推导拉氏不变量的光路示意图

由光能的讨论我们知道,通过光学系统的光通量 $F$ 为

$$F = \pi B \eta^2 \sin^2 u \tag{1.2.2}$$

经过光学系统折射后的光通量 $F'$ 则为

$$F' = \pi B' \eta'^2 \sin^2 u' \tag{1.2.3}$$

不考虑光能损失时,$F = F'$,即

$$B \eta^2 \sin^2 u = B' \eta'^2 \sin^2 u' \tag{1.2.4}$$

考虑到(1.2.1)式,有

$$n^2 \eta^2 \sin^2 u = n'^2 \eta'^2 \sin^2 u' \tag{1.2.5}$$

即

$$nη\sin u = n'η'\sin u' \tag{1.2.6}$$

近似有

$$j = nηu = n'η'u' \tag{1.2.7}$$

在此式中物体是用线度 $η$ 来度量的, 孔径是用角度 $u$ 来度量的. 考虑到物体用角度来度量, 孔径用线度来度量时, 如图 1-4 所示, 有

$$nηu = n(l_p - l)u_p u = -nu_p y \tag{1.2.8}$$

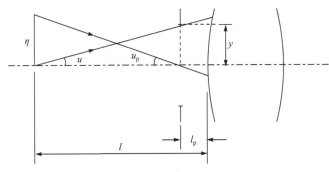

图 1-4　视场与光瞳关系示意图

像方有同样的结果, 故有

$$-j = nu_p y = n'u'_p y' \tag{1.2.9}$$

由(1.2.2)式及(1.2.3)式均可以看到通过光学系统的光通量与光束亮度及光学系统的拉氏不变量有关, 亦即光学系统传递的拉氏不变量越大, 能进入光学系统的光通量越多. 从另一方面我们可以这样来理解: $u'$ 表示像方孔径角, 它的大小决定了光学系统的像面照度, 而 $η'$ 为像面尺寸, 那么 $η$、$u$ 之积很自然地表示了进入光学系统的光通量(在亮度 $B'$ 一定的条件下).

## 1.3　拉氏不变量与实际光学信息量

光学系统也是传递信息的通道, 它只能损失信息源的信息, 而不能增加信息量. 光学系统传递的信息量也是有限度的, 这个限度与系统能传递的拉氏不变量有关. 近代很多光学信息传递的过程中, 中间环节往往采用电子学方法. 例如, 在高空摄影中, 把摄影的结果用电子学方法传送到地面, 在地面再进行接收. 这种传递过程常采用数字化方法, 即把空中所摄图像进行离散化, 然后进行二维扫描. 这种离散点越细密, 则分辨能力越好, 但要求的传递能力也越高.

例如，一张画幅的尺寸是 100 mm×100 mm，每毫米离散成 20 个点，则共有 $(20×100)^2 = 4×10^6$ 个点，要求光学系统能传递这一信息量.

在目前的光学仪器中，一般来说，光学系统本身传递信息量的能力是超过其余环节(如接收器)的信息容量的.

光学系统能传递的像元数由下列乘积决定：

$$视场(立体角)×光瞳尺寸(面积)$$

或

$$视场(面积)×孔径角(立体角)$$

这也就是拉氏不变量的平方，式中面积的线度以光波波长 $\lambda$ 为单位.

这两个乘积表示光学系统能传递的像元数，这是很容易理解的. 我们现在用一维的情况来说明. 光学系统的角分辨率是

$$\theta = \frac{\lambda}{D} \tag{1.3.1}$$

所以当全视场角为 $2u_\mathrm{p}$ 时，能分辨的像元数为

$$\frac{2u_\mathrm{p}}{\lambda / D} = 2u_\mathrm{p}\left(\frac{D}{\lambda}\right) = \frac{4j}{\lambda} \tag{1.3.2}$$

当 $D$ 以波长 $\lambda$ 为单位，考虑二维的情况时，便有前述的结果. 所以光学系统能传递的实际信息量也是与拉氏不变量直接有关的.

例如，通光口径 100 mm 的望远摄影物镜，全视场有 0.5 rad，使用波长为 0.5 μm 时，能传递的像元数为

$$\left(0.5\ \mathrm{rad} \times \frac{100\ \mathrm{mm}}{0.5\ \mu\mathrm{m}}\right)^2 = 10^{10}$$

拉氏不变量是由物高 $\eta$ 及孔径角 $u$ 组成的，当拉氏不变量一定时，$\eta$ 可大可小，只要 $u$ 作相应的变化即可，但此时光学系统能分辨的总线对数是不会变的. 从下面的考虑也可以得出同样的结论，$u$ 小时能分辨的单位长度内的线对数少，但 $\eta$ 作了线性增大，因此光学系统能分辨的总线对数不变.

(1.3.2)式所描写的总线对数是以极限分辨能力为依据的，通常考虑到成像应有一定的对比度，因此往往将光学系统实际能分辨的总线对数 $I_\mathrm{real}$ 用(1.3.3)式来表示

$$I_\mathrm{real} = \frac{2j}{\lambda} \tag{1.3.3}$$

# 参 考 文 献

斯留萨列夫 ΓΓ. 1966. 谈光学中一些可能的和不可能的问题. 朱裕栋, 译. 北京: 科学出版社.

王之江. 1959. 光学仪器通论. 中国科学院长春光学精密仪器研究所.

王之江. 1965. 光学设计理论基础. 北京: 科学出版社.

薛鸣球. 1982. 关于拉氏不变量. 长春光学精密机械学院学报, (4): 1-5.

# 第 2 章   光学系统参数和外形尺寸计算

本章不准备讨论基本公式，而是以一些例子来说明这方面的问题，可以看作是几何光学等在外形尺寸计算中的应用，旨在通过这些例子加深对高斯光学及像差理论方面一些内容的理解.

## 2.1   望远镜系统

### 2.1.1   高倍短筒望远镜

【例一】   要求设计一台倍率为 100、总长为 200 mm 的开普勒望远镜.

一般来说，望远镜系统的总长基本上由望远镜物镜的焦距决定，而望远镜的倍率是物镜焦距与目镜焦距之比，所以，当物镜焦距为 200 mm 时，目镜焦距必为 2 mm. 此时即可基本满足要求，但这是不合理的，因为目镜焦距为 2 mm 时，出瞳距离一般小于 2 mm，这并不满足观察的要求. 人眼瞳孔到睫毛的距离约为 8 mm，人眼瞳孔到角膜顶点的距离约为 4 mm，故目视仪器光学系统的出瞳距离一定要大于 5 mm. 普通目镜的出瞳距离是焦距的 0.5～0.7 倍，所以目镜的焦距一般应大于 10 mm，至少也要大于 7 mm.

假设我们取目镜的焦距为 10 mm，则物镜焦距需 1000 mm 才能满足倍率为 100 的要求，这也就是要求设计一个焦距为 1000 mm 而长度仅为 200 mm 的望远物镜. 可以有多种办法来实现.

通常采用如图 2-1 所示的摄远物镜，其筒长可比焦距短. 设正透镜 $L_1$ 的焦距为 1000 mm，焦点为 $F_1'$，它使平行于光轴的光线 $PP_1$ 经过透镜 $L_1$ 折射后交光轴于 $F_1'$. 若任选高度 $P_1O$ 为 1 mm，则 $\angle P_1F_1'O$ 等于 1/1000 rad. 我们选正透镜 $L_1'$ 及负透镜 $L_2$ 组成一透镜组，使入射高度相同的光线经 $L_1'$ 和 $L_2$ 折射后，能以同样的光线方向($P_1F_1'$)自 $L_2$ 射出，则透镜组 $L_1'L_2$ 的焦距必定也是 1000 mm. 我们只要能使 $L_1'$ 到 $F_1'$ 的距离是 200 mm，就可以满足上面的要求.

在具体的设计计算中，$L_1'$ 的焦距不能太接近 200 mm，因为这样将使 $L_2$ 的位置离 $F_1'$ 太近，从而使 $L_2$ 的焦距太短. $L_2$ 的焦距太短的话，轴外光线不易通过. 例如，目镜的焦距为 10 mm，视场角为 40°，则线视场约为 7 mm，因为此线视场也是物镜的线视场，这就要求透镜 $L_2$ 的焦距大于 10 mm 才能使最大视场的光线易于通过.

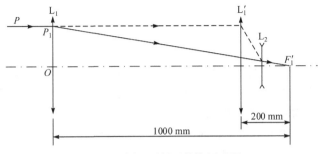

图 2-1　摄远型望远物镜原理图

下面举一个计算例子. 若取 $L_2$ 的焦距为 $f_2' = -12.5\,\mathrm{mm}$, 位置处于 $L_1'$ 与 $F_1'$ 中间, 则可由下式得到 $L_1'$ 的焦距:

$$u_2' - u_2 = h_2\varPhi_2 \tag{2.1.1}$$

其中

$$u_2' = \frac{1}{1000}\,\mathrm{rad}$$

$$u_2 = u_1' = \frac{P_1O}{f_1'} = \frac{1}{f_1'}$$

$$h_2 = \frac{200}{2} \times u_2' = \frac{1}{10}\,\mathrm{mm}$$

将它们代入(2.1.1)式可得

$$\frac{1}{1000} - \frac{1}{f_1'} = \frac{1}{10} \times \frac{1}{-12.5} = -\frac{1}{125}$$

$$f_1' = \frac{1000 \times 125}{1125} \approx 111\,(\mathrm{mm})$$

这样的参数便合乎总焦距为 1000 mm、筒长为 200 mm 的要求.

上述这种要求也可用反射系统来实现, 但是这些结果是否实际可行、是否有实用价值, 尚需在其他方面作进一步的讨论. 前面我们考虑了沿光轴长度方向的问题, 下面再讨论垂轴尺寸方面的问题, 即各种因素对光学系统粗细(即孔径)的影响.

由于衍射, 光学系统的角分辨本领 $\theta$ 与孔径 $D$ 的关系为

$$\theta = \frac{1.22\lambda}{D} \tag{2.1.2}$$

当 $\lambda = 589.3\,\mathrm{nm}$ 时，有

$$\theta \approx \frac{140''}{D} \tag{2.1.3}$$

式中 $D$ 的单位为 mm.

当两等强度非相干光点对光孔中心张角为 $\theta$ 时，眼睛就难以显著地看出亮度起伏，因而不再感到是两个点光源发光，而是感到一个不太圆的点在发光，一般就说这两点不能为眼睛所分辨开.

一般认为，人眼的分辨率是 $60''$，因此望远镜应具有的倍率 $m_0$ 为

$$m_0 = \frac{60''}{140''/D} \approx \frac{D}{2.3} \tag{2.1.4}$$

当望远镜的倍率比上式的 $m_0$ 小时，经望远镜放大后的分辨角小于 $60''$，便不能为眼睛所感知. 当望远镜的倍率比 $m_0$ 大时，经望远镜放大后的角度大于 $60''$，能为眼睛所感知. 但是，放大倍率过大的话，便将成为无效放大.

一般认为，经望远镜放大后的角度为 $2'$ 是合适的. 此时要求望远镜的倍率接近于望远镜物镜口径的毫米数. 若望远镜倍率比 $m_0$ 小，前述经望远镜放大后的分辨角小于眼睛的分辨角，此种分辨不能为眼睛所感知. 其实际情况是望远镜的倍率过小，于是出瞳直径大于人眼瞳孔，进入望远镜的光线不能全部进入人眼瞳孔，望远物镜的口径不能被充分利用，在白天这种大口径是没有用处的.

根据前面的讨论可见，当望远镜倍率为 100 时，入瞳直径即望远物镜口径，至少应为 100 mm. 由此看来要求望远镜倍率为 100 而筒长仅 200 mm 是不易实现的. 因为前面已求出 $f_1' = 110\,\mathrm{mm}$，若望远物镜的口径取为 100 mm，则望远物镜的相对孔径为 $1:1.1$(也可以用 $F/1.1$ 表示)，这样大的相对孔径下，像差不易校正.

我们知道限制相对孔径做大的像差主要是二级光谱和球差，球差尚可用复杂化及非球面等手段解决，而二级光谱则显得更加困难一些. 在使用普通光学玻璃时，对 C 光、F 光两色光校正色差后，这两色光的交点到校正单色像差色光 e 光焦点的距离为

$$\Delta L_{Ce} = 0.0005 f' \tag{2.1.5}$$

而焦深，即允许的二级光谱量

$$\Delta L_k = \frac{\lambda}{\sin^2 U'} = \frac{0.0005}{\sin^2 U'} \tag{2.1.6}$$

要满足二级光谱量 $\Delta L_{Ce} \leqslant \Delta L_k$，要求

$$f'\sin^2 U' \leqslant 1 \tag{2.1.7}$$

当 $f' = 100\,\mathrm{mm}$ 时，要求 $\sin U' \leqslant 0.1$，也即相对孔径不能大于 $1:5$，现在的

相对孔径是 1 : 1.1，相差太大，质量一定很差，因此上述要求不现实.

若筒长要求不是 200 mm，而是 1000 mm，则取 $f' = 1000\ \text{mm}$，由(2.1.7)式求出 $\sin U' \leqslant 1/31.3$，即要求相对孔径小于 1 : 15.6. 若口径仍为 100 mm，则实际的相对孔径是 1 : 10，相差不多，也还是可以的. 由此可见，望远镜的倍率和筒长是矛盾的，要求倍率越大，则矛盾越严重.

用反射系统时，色差问题有所改善，另外的例子还会对此进行讨论.

### 2.1.2　长焦距望远摄影物镜

【例二】　要求设计一个焦距为 5 m 的望远摄影系统，其目标亮度 $B = 0.5\ \text{sb}$ ($1\ \text{sb}=1\ \text{cd/cm}^2$)，底片的尺寸是 24 mm×36 mm. 这个例子中光学系统的焦距已经定下来了，系统的长度未提出，当然应该是紧凑的. 除此之外，这个例子主要是要确定口径，以满足光能量和分辨率的需要.

#### 1. 根据能量要求考虑光学系统的口径

一般认为，底片上的光密度 $D \geqslant 0.5$ 时才比较可以辨认，我们先取 $D = 0.5$ 作为考虑的出发点. 对于德国标准 DIN21 的底片，当要求光密度 $D = 0.5$ 时，需要的曝光量 $H = 0.16\ \text{lx} \cdot \text{s}$. 当摄影系统快门曝光时间取 0.01 s 时，则需要的像面照度 $E = 0.16 \div 0.01 = 16\,(\text{lx})$. 据此，便可用下式求出摄影系统所需的相对孔径 1 : A 值：

$$\frac{\pi B}{4A^2} \times \eta \times 10^4 = E \tag{2.1.8}$$

式中 B 是目标亮度，单位为熙提(sb)；E 是所需的像面照度，单位为勒克斯(lx)；$\eta$ 是光学系统的透过率.

进一步，假设光学系统的透过率 $\eta = 0.6$，将前述数据代入(2.1.8)式后，有

$$\frac{\pi \times 0.5 \times 0.6 \times 10^4}{4A^2} = 16$$

可求出

$$A = \sqrt{\frac{\pi \times 0.5 \times 0.6 \times 10^4}{64}} \approx 12$$

希望底片感光后的密度高一些，有一些余地，取 $A = 10$. 从这样的考虑出发，望远镜摄影系统的通光口径需有

$$\frac{5000\ \text{mm}}{10} = 500\ \text{mm}$$

此时的理想角分辨率为 $140'' / 500 = 0.28''$. 而后面配用底片的分辨率一般为

100 Lp/mm，故角分辨率为

$$\frac{1}{100\,\mathrm{Lp/mm}} \times \frac{1}{5000\,\mathrm{mm}} = 2.0 \times 10^{-6}\,\mathrm{rad} \approx 0.4''$$

所以，可以看到这类系统的分辨率是受底片限制的，光学系统的口径之所以需要大，是由光能量要求所限制的. 因此从直接的结果可以看到，如果底片的感光度能提高的话，光学仪器尺寸可以减小. 再进一步看，如果底片的分辨率提高，则需要同样的角分辨率时，光学系统的焦距可以缩短，因此在相同的相对孔径条件下，口径也就可以缩小，当然此时像的线度尺寸也就变小. 不过前述的光学系统分辨率$0.28''$是理想分辨率，实际上是很难达到的，所以说此时的光学系统分辨率与底片的分辨率还是匹配的.

从使用角度看，若目标是直径为 1 m 的人造地球卫星，距地面 500 km，则目标对地面的张角为

$$\frac{1\,\mathrm{m}}{500\,\mathrm{km}} \times 2 \times 10^{5}\,\mathrm{arcsec/rad} = 0.4''$$

上述仪器的分辨能力是与之相适应的.

### 2. 大口径长焦距系统的实现

口径 500 mm 的透射光学材料要求高质量，不易获得，价格也高，所以大口径系统一般采用折反系统. 反射面用作大尺寸光学元件，光束经反射面会聚后，光束宽度变小，此时再用折射元件，折射元件便是小尺寸的. 一般还希望系统的轴向尺寸小，则折反系统的光路可做成往复式的.

采用单反射镜做主镜，可有短的焦距、大的相对孔径. 然后再用次镜(负组)将焦距放大. 次镜可以是反射组元，也可以是折射组元. 这种安排方式与前例是一样的，取正负组元分离结构，以达到简长缩短的目的. 不过此时的主镜(正组)是反射镜，它的相对孔径虽大，但不产生色差，当然也不产生二级光谱. 考虑到折反系统杂光问题的重要性，常将此类系统做成折叠式的，根据这种思路，一种可能的结构如图 2-2 所示.

图 2-2 中 A 是反射镜，可以是球面镜，也可以是抛物面镜. B 是负透镜组，光线经过 B 组的发散后，将 A 组的焦距放大. $P_1$、$P_2$ 分别是第一像面和第二像面，$M_1$、$M_2$ 是转折光路的平面反射镜. C 是正透镜组，它将像面 $P_1$ 的像成像到像面 $P_2$.

A、B 两组的组合与例二一样，为摄远型物镜，光焦度正、负分配. 例如，取 A 组的焦距为 1.2 m，A 组到 B 组的距离为 1 m，若再取 B 组的倍率为 3，则由于 B 组的物距是 $l_2 = 1.2 - 1 = 0.2(\mathrm{m})$，可由下式求出 B 组的焦距 $f_2'$：

$$\frac{1}{l_2'} - \frac{1}{l_2} = \frac{1}{f_2'} \tag{2.1.9}$$

即

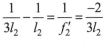

$$\frac{1}{3l_2} - \frac{1}{l_2} = \frac{1}{f_2'} = \frac{-2}{3l_2}$$

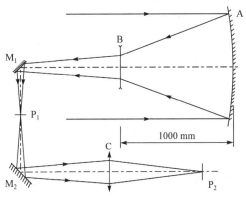

图 2-2 折反式长焦距望远摄影物镜原理图

将 $l_2 = 0.2\,\text{m}$ 代入，得 $f_2' = -0.3\,\text{m}$. 此时 A、B 两组的组合焦距为 $1.2 \times 3 = 3.6\,(\text{m})$，由于 $l_2' = 0.2 \times 3 = 0.6\,(\text{m})$，且光路经 $M_1$ 转折一次，故筒长仅为 1.5 m 左右. 取 C 组的倍率为 $-1.4$ 左右时，即可满足总焦距 5 m 的要求. 此时由于采用折叠式的结构，并不需要增加轴向长度. 取 C 组的共轭距离为 0.96 m，则可由下面三式：

$$l_C' - l_C = 0.96 \tag{2.1.10a}$$

$$\frac{1}{l_C'} - \frac{1}{l_C} = \frac{1}{f_C'} \tag{2.1.10b}$$

$$l_C' = -1.4 l_C \tag{2.1.10c}$$

求出 $l_C = -0.4\,\text{m}$、$l_C' \approx 0.56\,\text{m}$、$f_C' \approx 0.23\,\text{m}$.

在这种考虑下，A 组的口径为 0.5 m，焦距为 1.2 m，相对孔径为 1:2.4，在反射镜的情况下，高级球差不是很大.

B 组的口径为 $0.2 \times (1/2.4) \approx 0.083\,(\text{m})$，焦距为 0.3 m，相对孔径为 1:3.6，是易于用双透镜组来实现的.

C 组的口径为 $l_C' \times (1/F) = 0.56 \times (1/10) = 0.056\,(\text{m})$，焦距为 0.23 m，相对孔径为 1:4.1，也是易于实现的.

当更换 C 组以改变 C 组的倍率时，整个系统的焦距可以所有变更. C 组也可以做成连续变焦距的显微镜，保持共轭距离不变，可使倍率改变. B 组是负透镜组，产生高级负球差，B、C 组可以得到补偿，同样两组的色球差和像散都可以有所补偿. 而整个系统的二级光谱由于反射镜 A 不产生二级光谱而产生光焦度, 所以二级光谱可以由 B、C 两组的参数分配来得到补偿. B、C 两组都是近距离成像, 我们可以求出其二级光谱的表示式.

在像差理论中, 双胶合透镜组的二级光谱表示式为

$$2W_{ef} = Kh^2\varphi \tag{2.1.11}$$

式中 $W_{ef}$ 为二级光谱的波像差值; $h$ 为轴上光束在透镜组上的高度; $\varphi$ 为透镜组的光焦度; $K$ 为与光学玻璃有关的常数, 一般 $K = 0.00054$.

为了求出二级光谱的几何量, 可将波像差值除以孔径角 $u'$ 的平方, 得出在像方的二级光谱几何值 $LC_{ef}$ 为

$$LC_{ef} = \frac{2W_{ef}}{u'^2} = Kh^2\varphi\frac{1}{u'^2} = Kl'^2\varphi = Kl'^2\left(\frac{1}{l'} - \frac{1}{l}\right) \tag{2.1.12}$$
$$= K(1-m)l'$$

式中 $m = l'/l$ 是透镜组的成像倍率. (2.1.12)式也可以写成

$$LC_{ef} = Kml(1-m) \tag{2.1.13}$$

由于 $l' = (1-m)f'$, 故还可以有

$$LC_{ef} = K(1-m)^2 f' \tag{2.1.14}$$

(2.1.12)、(2.1.13)、(2.1.14)式是分别用像距、物距、焦距和倍率表示的二级光谱几何值, 但是其量都是在像方度量的.

根据(2.1.14)式, 对于负透镜组 B, 有

$$LC_{ef,2} = -K(1-3)^2 \times 0.3 = -1.2K$$

对于正透镜组 C, 有

$$LC_{ef,3} = K(1+1.4)^2 \times 0.23 \approx 1.3K$$

这里计算出的负透镜组的二级光谱几何值 $LC_{ef,2}$ 是在 B 组的像面上度量的, 亦即是在像面 P$_1$ 上度量的. 为了能够与正透镜组的二级光谱几何值 $LC_{ef,3}$ 从数值上加以补偿, 需要将 $LC_{ef,2}$ 计算成在像面 P$_2$ 上的值, 有

$$(LC_{ef,2})_{P_2} = -1.2K \times 1.4^2 \approx -2.3K$$

这样负透镜组 B 与正透镜组 C 的二级光谱便不是完全补偿的.

要完全补偿, 可以通过调整负透镜组和正透镜组的倍率来达到. 例如, 取 $m_2 = 2.5$, $m_3 = -1.68$, 此时总焦距 $f = 1.2 \times 2.5 \times 1.68 = 5.04(m)$, B 组和 C 组的焦距分别是 $f_2' = -0.33$ m, $f_3' = 0.224$ m, 有

$$\left(LC_{\mathrm{ef,2}}\right)_{\mathrm{P_2}} = -K \times \left(1-2.5\right)^2 \times 0.33 \times 1.68^2 \approx -2.1K$$

$$LC_{\mathrm{ef,3}} = K\left(1+1.68\right)^2 \times 0.224 \approx 1.61K$$

二级光谱接近校正了. 当然, 在更换透镜组 C 以求改变总焦距时, 二级光谱的补偿情况也要改变.

在这种结构中, 第一像面 P₁ 处需加一块场镜, 将前部的光瞳成像在 C 组上, 以便让轴外光线顺利通过 C 组.

A 组没有二级光谱, 于是主要的像差便是球差. 由于反射镜的高级球差也远较折射系统为小, 所以 A 组的相对孔径可以做大以缩短筒长.

还可以有其他的方案满足这一题目的要求.

## 2.2　显微镜系统

【例三】　要求设计一个计量光学系统的物镜, 像方线视场为 20 mm, 测量精度为 1 μm.

一般来说, 像方线视场的大小受目镜限制, 目镜焦距 $f'_{\mathrm{e}}$ 和倍率 $\varGamma$ 的关系由下式决定:

$$\varGamma = \frac{250\mathrm{mm}}{f'_{\mathrm{e}}} \tag{2.2.1}$$

焦距越短, 则倍率越大, 但是焦距过短, 由于角视场的限制, 便不能有很大的线视场.

例如, 倍率为 12.5 的目镜, 焦距是 20 mm, 则线视场为 20 mm 也就差不多, 线视场超过 20 mm, 便不是焦距 20 mm 的目镜容易负担的了.

计量物镜有多种倍率, 由于像方线视场的限制, 物方线视场因倍率的不同而各异. 例如, 在前述的像方线视场 20 mm 的条件下, 1 倍物镜的物方线视场亦为 20 mm, 而 5 倍物镜的物方线视场则为 4 mm.

对这一类物镜, 首先要考虑数值孔径, 数值孔径影响到系统的瞄准精度和能量. 瞄准精度除与数值孔径有关以外, 还与对准的方法有关. 一般来说, 瞄准精度可达到分辨能力的 $\frac{1}{5}\sim\frac{1}{10}$, 根据 $\frac{1}{5}$ 来考虑, 对瞄准精度为 1 μm 的物镜, 其数值孔径 $NA$ 可由下式决定:

$$\frac{1}{5} \times \frac{\lambda}{2 \times NA} = 1\,\mu\mathrm{m} \tag{2.2.2}$$

取波长 $\lambda = 0.5\,\mu\mathrm{m}$, 得到 $NA = 0.05$. 此时, 对 1 倍物镜、12.5 倍目镜而言, 出瞳

直径为

$$2 \times NA \times f_e' = 2 \times 0.05 \times 20\,\text{mm} = 2\,\text{mm}$$

对 5 倍物镜、12.5 倍目镜而言，出瞳直径则为

$$2 \times u' \times f_e' = 2 \times 0.05 \times (1/5) \times 20\,\text{mm} = 0.4\,\text{mm}$$

出瞳直径 0.4 mm 太小，光束不能充满人眼瞳孔，需将数值孔径放大. 当保持出瞳直径为 2 mm 时，5 倍物镜的数值孔径需为 0.05×5=0.25. 对于 1 倍物镜，数值孔径为 0.05 时，出瞳直径为 2 mm，已可满足要求. 在实际中，由于数值孔径 0.05 比较容易实现，将数值孔径放大到 0.1，以使出瞳直径为 4 mm，留有更多的余地，也是常有的.

在这类物镜中，其次要考虑的问题是，物方的照明光路必须是远心光路，这主要的原因是要保证测量精度. 如图 2-3 所示，A 为物体，经过 PP 为中心的远心光束照明后，由透镜组 L 成像在 A' 处，在 A' 处置分划板，以供比较测量之用. 虽然在仪器调整时，分划板是准确地放在像面位置上的，但在实际测量工件的尺寸时，工件的位置可能有偏差，不是正好在 A 的位置，也就是工件的像不是正好在 A'，即不在分划板上，于是工件在分划板上成的不是清晰的像，而是一模糊的像.

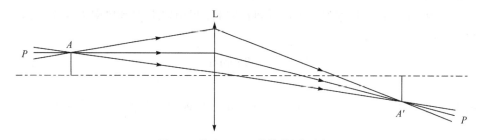

图 2-3　物方远心显微物镜原理图

然而，由于是远心光路照明，物体的位置虽然不正确，但主光线 PP 的方向仍是不变的，也就是在分划板上的模糊像点 A' 的中心还是不变的，测量时以模糊像点中心为基准，便可以保证测量的精度.

这种光学系统属于中等孔径、中等视场的系统，对于五种单色像差及两种色差都要考虑. 对于 1 倍物镜来说，如图 2-4 所示的匹兹凡物镜是一种能较好满足要求的结构形式.

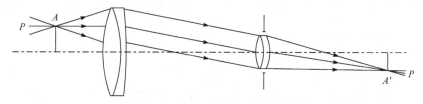

图 2-4　物方远心匹兹凡物镜

对于图 2-4 中的两组双胶合透镜组, 当选择玻璃对校正好色差后, 尚可校正球差、彗差、像散和畸变, 匹兹凡和则靠像散与之作适当平衡. 对于 1 倍物镜, 物方线视场为 20 mm, 可取物距为 100 mm, 第一、第二双胶合组的焦距及其间距均为 100 mm.

这样物方光束经第一透镜组成像后为平行光束, 再经第二透镜组成像在焦点上. 由于两个透镜组的焦距相同, 故为 1 倍成像. 由于系统是物方远心光路, 而第二透镜组位于第一透镜组的焦点上, 所以第二透镜组也就是系统的孔径光阑所在处.

两个透镜组可以各自校正轴向像差, 倍率色差也随之校正. 在选择适当的玻璃对组合时, 每一个透镜组还可以校正两种像差. 由于孔径光阑在第二组透镜上, 它所产生的像散及畸变均为定值, 即当第二透镜组弯曲时, 球差、彗差发生改变而像散和畸变是不变的. 于是, 我们可以用第一透镜组的弯曲来校正第二透镜组的定值像散和畸变, 而第一透镜组的球差和彗差可由第二透镜组的弯曲来校正, 这样便可校正好四种单色像差及两种色差了.

当数值孔径取 0.1 时, 第一透镜组的口径为

$$2 \times \left( \frac{20}{2} + 100 \times 0.1 \right) = 40 (\text{mm})$$

第二透镜组的口径为

$$2 \times 100 \times 0.1 = 20 (\text{mm})$$

对于 5 倍物镜, 由于相对孔径较大, 可以用如图 2-5 所示的结构. 图中最后一片为厚透镜, 可以校正一些轴外像差, 它的弯曲形状和结构对轴上和轴外光束都有利.

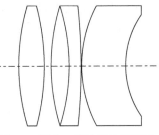

图 2-5  适合 5 倍物镜的透镜组

## 2.3  摄 影 系 统

### 2.3.1  变焦距系统高斯光学

【例四】  求解变焦距系统的高斯光学参数.

变焦距系统是指那些焦距可以改变或倍率可以改变, 但成像距离或共轭距离不变的光学系统. 普通的生物显微镜, 当变更物镜时, 倍率改变, 而保持共轭距离不变, 这是一种变焦距系统. 不过, 通常所说的变焦距系统, 是指连续可变或部分连续可变的光学系统. 近代电影、电视及照相中经常使用变焦距物镜, 图 2-6 是一个典型电视变焦距物镜的光学系统结构图, 图中 I 是调焦组或称前固定组,

Ⅱ是变倍组，Ⅲ是补偿组，Ⅳ是成像组或称后固定组.

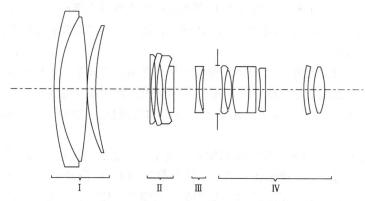

图 2-6　典型电视变焦距物镜光学系统结构

　　变焦距系统对光学整体来讲比较简单，但就本身实现连续变焦距来说，内部各组元的焦距分配问题是一个典型的高斯光学问题，有很多的光学论文论及此.

　　我们知道，一个透镜有两个位置的共轭距离是一样的，在这两个位置上透镜组的成像倍率互为倒数，我们称这两个位置为符合物像交换原则的位置，物距及像距的关系如图 2-7 所示.

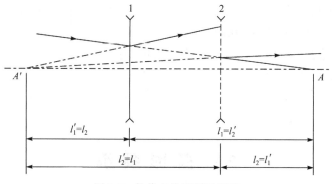

图 2-7　物像交换原则示意图

　　透镜在位置 1 和位置 2 时，物距和像距是互换的. 在这种透镜前置一望远物镜，将平行光会聚后聚焦于点 $A$，再经此负透镜成像于点 $A'$. 当此负透镜在位置 1、2 上时均是如此，但系统的焦距在两个位置上却是不同的. 当负透镜从位置 1 移动到位置 2 时，系统的焦距是连续变化的，但只有两个极端位置的共轭距相同.

　　当负透镜处于 –1 倍位置时，共轭距有极值，它与 1、2 两个极端位置的共轭距相差最大，即此时有最大的像面位移. 当系统的变焦比较大，且焦距较长时，像面位移也较大. 在有较高质量要求时，这种简单的系统不能使用.

　　为了补偿像面位移，需要在系统中再加一运动组元，这一运动组元可以是正透镜组，也可以是负透镜组，相应地便称之为正组补偿系统和负组补偿系统. 这种系统如图 2-8 所示，图(a)所示正组补偿一般为实像，图(b)所示负组补偿一般为虚像.

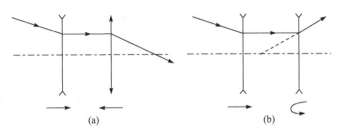

(a)　　　　　　　　　　　　(b)

图 2-8　正组补偿系统(a)和负组补偿系统(b)示意图

　　下面我们以正组补偿为例推导出变焦距系统的有关式子.

　　在图 2-9 中，1、2、3 组分别是变焦部分的前固定组、变倍组及补偿组，$B_1$ 是前固定组的像点，亦即变倍组的物点，$B_2$ 是补偿组的像点. 假设后面不再加改变整个系统焦距的组元，$B_2$ 亦即变焦系统的像点. 当然，当补偿组是负透镜组时，$B_2$ 为虚像，为了整个系统成实像，后固定组是一定要加的.

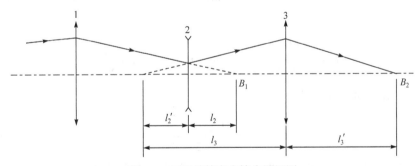

图 2-9　正组补偿变焦镜头原理图

　　在变焦过程中，必须保持像面稳定，所以 $B_1$ 和 $B_2$ 之间隔要保持不变，即

$$\overline{B_1B_2} = 常数 \tag{2.3.1}$$

其中

$$\overline{B_1B_2} = l_3' - l_3 + l_2' - l_2 \tag{2.3.2}$$

由于像距 $l'$ 和物距 $l$ 可用焦距 $f'$ 和倍率 $m$ 表示如下：

$$l' = (1-m)f', \quad l = \frac{1-m}{m}f' \tag{2.3.3}$$

故

$$\overline{B_1 B_2} = 2f_3' - f_3'\left(m_3 + \frac{1}{m_3}\right) + 2f_2' - f_2'\left(m_2 + \frac{1}{m_2}\right) \qquad (2.3.4)$$

即要求

$$2f_3' - f_3'\left(m_3 + \frac{1}{m_3}\right) + 2f_2' - f_2'\left(m_2 + \frac{1}{m_2}\right) = 常数 \qquad (2.3.5)$$

式中 $m_2$、$m_3$ 分别是变倍组、补偿组的倍率，$f_2'$、$f_3'$ 分别是其焦距.

(2.3.5)式表示像面位置稳定时，变倍组倍率与补偿组倍率应该满足的关系. 不论系统的焦距是多少，也不论 $m_2$、$m_3$ 取何值，(2.3.5)式的关系都要满足. 当我们开始选定某一起始位置的倍率后，例如选定短焦距位置时的倍率 $m_{2S}$ 及 $m_{3S}$，其余位置的倍率则由(2.3.5)式可知，它们应满足下式：

$$\left(m_2 + \frac{1}{m_2}\right)f_2' + \left(m_3 + \frac{1}{m_3}\right)f_3' = \left(m_{2S} + \frac{1}{m_{2S}}\right)f_2' + \left(m_{3S} + \frac{1}{m_{3S}}\right)f_3' \qquad (2.3.6)$$

式中下标 S 表示短焦，下文式中下标 L 表示长焦.

当确定 $m_2$ 后，便可解出 $m_3$，对 $m_3$ 有二次方程

$$m_3^2 - bm_3 + 1 = 0 \qquad (2.3.7)$$

其中

$$b = \frac{-f_2'}{f_3'}\left(\frac{1}{m_2} - \frac{1}{m_{2S}} + m_2 - m_{2S}\right) + \left(m_{3S} + \frac{1}{m_{3S}}\right) \qquad (2.3.8)$$

从而可求出 $m_3$ 的两个根为

$$m_3 = \frac{-b \pm \sqrt{b^2 - 4}}{2} \qquad (2.3.9)$$

从(2.3.9)式不难得出，这两个根是互为倒数的，这是因为

$$\frac{2}{b + \sqrt{b^2 - 4}} = \frac{2\left(b - \sqrt{b^2 - 4}\right)}{b^2 - \left(b^2 - 4\right)} = \frac{b - \sqrt{b^2 - 4}}{2}$$

故

$$m_{3,1} = \frac{1}{m_{3,2}} \qquad (2.3.10)$$

这从物理意义上看也是很明显的，一个光学组元有两个位置的共轭距相同，故有两个位置可以实现像面位移补偿，在一个位置上的倍率为 $m$ 时，另一个位置上的倍率为 $1/m$.

　　前面的这种求法解出的 $m_2$、$m_3$ 是满足像移补偿要求的，但是不一定满足变倍比(有时亦称变焦比)的要求. 在(2.3.6)式中，当选定 $m_{2S}$ 及 $m_{3S}$ 后，还有两个参数 $m_2$、$m_3$，前面的讨论我们选定了 $m_2$ 后，求出满足像移补偿条件的 $m_3$. 现我们可以不预先选定 $m_2$，而是再列一个方程式以求出 $m_2$、$m_3$，使得求出的 $m_2$、$m_3$ 既满足像移补偿的条件，又满足变焦比的要求.

　　当我们要求整个变焦距物镜的变焦比为 $\Gamma$ 时，即要求

$$\Gamma = \frac{m_2 m_3}{m_{2S} m_{3S}} \tag{2.3.11}$$

将(2.3.6)式和(2.3.11)式联立，便可解出满足变焦比和像面稳定的变倍组倍率 $m_2$ 和补偿组倍率 $m_3$ 为

$$m_2 = \frac{CD \pm \sqrt{C^2 D^2 - 4\left(f_2' D + f_3'\right)\left(Df_2' + D^2 f_3'\right)}}{2\left(f_2' D + f_3'\right)} \tag{2.3.12a}$$

$$m_3 = \frac{D}{m_2} \tag{2.3.12b}$$

式中

$$C = \left(m_{2S} + \frac{1}{m_{2S}}\right)f_2' + \left(m_{3S} + \frac{1}{m_{3S}}\right)f_3' \tag{2.3.13a}$$

$$D = \Gamma m_{2S} m_{3S} \tag{2.3.13b}$$

当 $m_2$、$m_3$ 确定后，其余参数便易于求得了.

　　下面我们讨论一下补偿组的倍率变化情况. 设有补偿曲线如图 2-10 所示，可以是正组补偿，也可以是负组补偿. 变焦距物镜最后的像面位置是固定的，所以当补偿组移动时，其像距 $l_3'$ 是有所变化的.

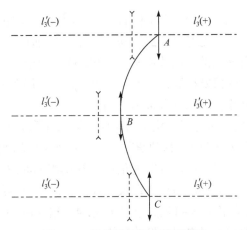

图 2-10　补偿组补偿曲线示意图

补偿组的像距 $l'_3$、倍率 $m_3$ 及焦距 $f'_3$ 之间有如下关系式:

$$\frac{l'_3}{f'_3} = 1 - m_3 \qquad (2.3.14)$$

当是正组补偿时, $l'_3 / f'_3$ 为正, 故 $l'_3$ 增大时, $1 - m_3$ 增大, 而 $m_3$ 为负值, 故 $m_3$ 的绝对值也增大; 当是负组补偿时, $l'_3 / f'_3$ 亦为正, 而 $l'_3$ 为负值, 当 $|l'_3|$ 减小时, $1 - m_3$ 减小, 而 $m_3$ 为小于 1 的正值, 故 $m_3$ 增大. 这就是说, 无论是正组补偿还是负组补偿, 补偿组如图 2-10 中所示的那样, 由 $A$ 经 $B$ 到 $C$ 时, 倍率 $m_3$ 的绝对值都是由小到大, 再由大到小. 所以正组补偿往往取上半段, 以提高变焦比, 而下半段几乎对变焦比无贡献. 负组补偿时, 补偿组倍率在下半段有所降低, 但变化小, 变倍组与补偿组合起来对变焦比还是有贡献的.

这里提出了一个问题, 对正组补偿向下取段是否也能对变焦比有所贡献呢?

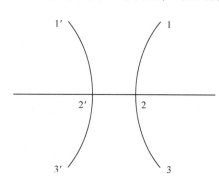

图 2-11　补偿组两条补偿曲线示意图

答案是可能的. 我们从前面可以知道, 一般的补偿曲线可以有两条, 如图 2-11 所示, 在补偿曲线上, 1 与 1′是一对共轭位置, 在此两位置上的透镜组有相同的共轭距离, 而倍率互为倒数. 2 与 2′、3 与 3′有相同的情况. 补偿组由 1 到 2 是倍率增加, 而由 2 到 3 是倍率减小, 但是在 2′到 3′的补偿曲线上倍率也是增加的. 因此我们希望所取的补偿曲线是 1~2 段及 2′~3′段, 这样在整个变焦过程中补偿曲线便不能平滑过渡. 假如这两条曲线在 2、2′处相切, 过渡便是平滑的, 这时要求 $m_3$ 在 2、2′处有相等的值, 即要求 (2.3.9) 式有重根.

补偿组倍率 $m_3$, 即 (2.3.9) 式有重根的条件是 $b^2 = 4$, 即 $b = \pm 2$, $m_3$ 有两个重根, 即 $m_3 = \pm 1$, $m_3 = +1$ 无意义, 故取 $m_3 = -1$ 的解. 所以 $m_3 = -1$ 便是相切点, 在此时换根, 倍率是增加的, 曲线亦平滑变化. 这一结论从简单的考虑也可以得到, 即为了能换根, 两根要相等, 根据共轭距离相等时两倍率互为倒数, 则要求两倍率相等且互为倒数, 那也只有 $m_3 = \pm 1$ 了.

下面举一个 10 倍正组补偿变焦距物镜换根解的计算例子, 以说明各运动组元参数的求法. 变倍组及补偿组的移动情况如图 2-12 所示. 取变倍组焦距 $f'_2 = -1$, 在 $m_2 = -1$ 时, $l'_2 = -2$, 取 $m_2 = -1$ 时变倍组与补偿组的间隔 $d_{23} = 0.8$. 这间隔要适当取得大些, 因为我们还准备向下取段, 而向下取段时两组间隔要减小. 此时 $l_3 = -2.8$, 当补偿组倍率 $m_3 = -1$ 时, 应取 $f'_3 = 1.4$. 这样由 $-1$ 倍位置换根的要求, 得出了换根时的焦距和各组之间间隔的数值.

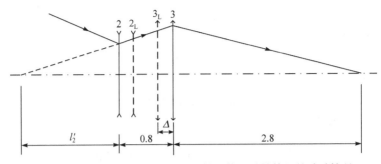

图 2-12　10 倍正组补偿变焦距物镜变倍组及补偿组的移动情况

下面我们要确定长焦距位置的参数，试选 $m_{2L} = -1.2$ 时，有

$$l_{2L} = \frac{1 - m_{2L}}{m_{2L}} f_2' \approx 1.83333$$

$$l_{2L}' = m_{2L} l_{2L} \approx -2.2$$

变倍组需向后移动 $2 - 1.83333 = 0.16667$．设此时补偿组需向前移动 $\Delta$ 补偿像面稳定，则

$$l_{3L} = l_{2L}' - (0.8 - 0.16667 - \Delta) = -2.83333 + \Delta$$

$$l_{3L}' = 2.8 + \Delta$$

由物像公式

$$\frac{1}{l_{3L}'} - \frac{1}{l_{3L}} = \frac{1}{f_3'}$$

求出 $\Delta = 0.23333$，此时

$$d_{23L} = 0.8 - 0.16667 - 0.23333 = 0.4$$

$$m_{3L} = \frac{l_{3L}'}{l_{3L}} \approx -1.1667$$

$$m_{2L} \times m_{3L} \approx 1.4$$

由 $\Gamma = 10$ 要求得 $m_{2S} \times m_{3S} = 0.14$．由 (2.3.12a,b) 式及 (2.3.13a,b) 式，可求解出所需的 $m_{2S}$ 和 $m_{3S}$．(2.3.12a,b) 式及 (2.3.13a,b) 式原是以短焦距为标准求出长焦距时的参数，现在需要以长焦距为标准求出短焦距时的参数，其实质是一样的．即将 (2.3.12a,b) 式改成长焦距时的值，并以 $1/\Gamma$ 取代 $\Gamma$ 即可．在这个例子中，由于 $-1$ 倍位置换根数据较简单，以 $-1$ 倍位置为标准来求出 $m_{2S}$、$m_{3S}$ 甚是方便．此时要求

$$\Gamma = \frac{1}{0.14} \approx 7.14286$$

$$C = (-1 - 1) \times (-1) + (-1 - 1) \times 1.4 = 2 - 2.8 = -0.8$$

$$D = 0.14 \times 1 = 0.14$$

代入(2.3.12a)式，求得

$$m_{2S} = -0.346617$$

代入(2.3.13b)式，求得

$$m_{3S} = -0.403904$$

其余的参数易于求得，将计算结果列入表 2-1.

**表 2-1　10 倍正组补偿变焦距物镜换根解**

| 序号 | 量 | 短焦 | −1 倍位置 | 长焦 |
|---|---|---|---|---|
| 1 | $m_2$ | −0.3466 | −1.0 | −1.2 |
| 2 | $l_2$ | 3.8850 | 2.0 | 1.8333 |
| 3 | $l_2'$ | −1.3466 | −2.0 | −2.2 |
| 4 | $m_3$ | −0.4039 | −1.0 | −1.1667 |
| 5 | $l_3$ | −4.8662 | −2.8 | −2.6 |
| 6 | $l_3'$ | 1.9655 | 2.8 | 3.0333 |
| 7 | $f_2'$ | −1.0 | −1.0 | −1.0 |
| 8 | $f_3'$ | 1.4 | 1.4 | 1.4 |
| 9 | $g(导程) = l_{2S} - l_2'$ | 0 | 1.8850 | 2.0517 |
| 10 | $\Delta(补偿量) = l_3' - l_{3S}'$ | 0 | 0.8345 | 1.0679 |
| 11 | $d_{23}$ | 3.5196 | 0.8 | 0.4 |

前面我们是确定换根位置的参数后，试取 $m_{2L} = -1.2$ 来求解的，实际上也可以用试取 $m_{2S}$ 的方法来实现.

至此，变倍比为 10 的要求是初步地满足了，但是一般还需加上前固定组及后固定组. 在短焦距位置时，变倍组在最前面，补偿组在最后面，所以在加前固定组及后固定组时，需考虑到前固定组与短焦距位置时的变倍组不相碰，后固定组与短焦距位置时的补偿组不相碰.

现在 $l_{2S} = 3.885$，当留空隙 0.2 时，需取前固定组的焦距 $f_1' = 3.885 + 0.2 = 4.085$. 而 $l_3' = 1.9655$，补偿组与后固定组间留空隙 0.1655，则对后固定组而言，物距为 $l_4' = 2.7$，求出 $f_4' = -5.4$. 当变倍组的焦距为 −1 时，整个系统的短焦距为

$$f_S' = f_1' \times m_{2S} \times m_{3S} \times m_4 \tag{2.3.15}$$

将以上数据代入，得

$$f_S' = 4.085 \times (-0.3466) \times (-0.4039) \times 1.5 \approx 0.8578$$

而

$$f_L' = 4.085 \times (-1.2) \times (-1.1667) \times 1.5 \approx 8.5787$$

若需要做成 $f' = 25 \sim 250\,\mathrm{mm}$ 的 10 倍变焦距物镜，则需要将线性尺寸放大 $25/0.85785 \approx 29.14$ 倍，得

$$f_1' = 119.05\,\mathrm{mm}$$

$$d_{12} = 5.83 \sim 60.76 \sim 65.62\,\mathrm{mm}$$

$$f_2' = -29.14\,\mathrm{mm}$$

$$d_{23} = 102.56 \sim 23.31 \sim 11.65\,\mathrm{mm}$$

$$f_3' = 40.8\,\mathrm{mm}$$

$$d_{34} = 4.82 \sim 29.14 \sim 35.94\,\mathrm{mm}$$

$$f_4' = -157.36\,\mathrm{mm}$$

将这一结果的运动情况简单示意于图 2-13，图中光阑放在补偿组透镜的后面，

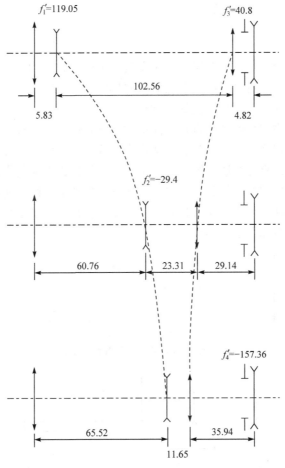

图 2-13　焦距 25～250 mm 时 10 倍变焦距物镜高斯解(单位：mm)

限制了进入后固定组的光束宽度，这样也就保证了在变倍组、补偿组移动以使焦距发生改变时，相对孔径保持不变. 同时，由于光阑位置是固定的，对各个焦距位置而言，入射光瞳则是改变的，而且会有较大的光阑像差，这在设计时要加以注意. 变倍组和补偿组的运动一般是非线性的，实现这种非线性运动需要用凸轮机构.

对于变倍组，我们也可以用正透镜组来完成，这时的前固定组则一般是负组，如图 2-14 所示.

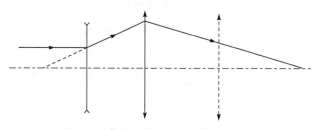

图 2-14　负前固定组、正变倍组示意图

前面我们讨论的是机械补偿变焦距系统，是用凸轮机构做非线性运动来达到像移补偿的目的，是否可以不用凸轮而用简单的透镜运动来达到像面稳定的要求呢？答案是可以的，这就是常说的光学补偿.

前面讨论的物像交换原则就是最简单的光学补偿法，这种补偿法有两个完全补偿点，如图 2-15 所示. 在光学补偿法中有这样的一个结果，即从最后一个运动透镜组向左计数，有几个透镜组就有几个完全补偿像面偏移的点，也就是在这几个焦距上的像面位置是一样的. 例如，三透镜系统光学补偿法就有三个完全补偿点，四透镜系统便有四个完全补偿点. 三透镜系统和四透镜系统中，完全补偿点个数与透镜组关系如图 2-16 所示.

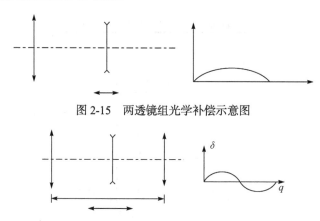

图 2-15　两透镜组光学补偿示意图

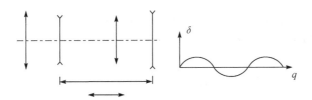

图 2-16　完全补偿点个数与透镜组关系示意图

　　完全补偿像面的位置越多,在其余位置上的像面偏移越小,像面越稳定. 在用光学补偿法做变焦距物镜,并希望有高稳定度的像面时,需有复杂的结构. 与机械补偿法一样,光学补偿法的第一个透镜组可以是正透镜组,也可以是负透镜组.

　　下面再举几个变焦距系统参数确定和型式选择的例子. 参数确定是指变焦距物镜焦距、相对孔径、视场以及变倍比的确定. 一般来说,这些参数是任务要求规定的,并不一定要由设计人员来确定. 如要求设计焦距为 25~250 mm、相对孔径为 1:3.5 的变焦距物镜,用于 35 mm 电影摄影,这样所有的参数,包括焦距、相对孔径、视场、变倍比等都定下来了. 但有时候则需要设计人员来确定. 型式选择就是根据参数的要求选择用哪一种结构来完成它,这是经常需要考虑的. 有时刚开始还不能完全定下来,可能要做一些工作以后再决定. 下面用三个例子说明这方面的考虑.

### 2.3.2　长焦距电视变焦距物镜

　　**【例五】**　要求离目标 300 m 远处使用电视变焦距物镜,电视摄像管的接收面尺寸是 9 mm×12 mm,在特写镜头时希望能显示半身像,变倍比为 6.

　　这一问题的主要要求是确定最长焦距是多少,因为特写镜头要求成的像要大,所以必定要使用长焦距,以满足特写镜头的要求. 图 2-17 表示了这一物像关系的示意图,$2\eta'$、$2\eta$ 分别为像高和物高,$L'$、$L$ 分别为像距和物距. 于是有关系式

$$\frac{L'}{L}=\frac{\eta'}{\eta} \qquad (2.3.16)$$

由于物距 $L$ 一般较大,故可近似表示为

$$\frac{f'}{L}=\frac{\eta'}{\eta} \qquad (2.3.17)$$

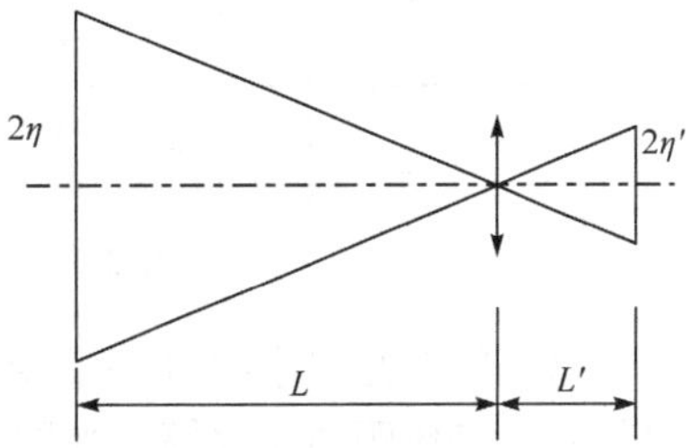

图 2-17　摄像镜头物像关系示意图

式中 $f'$ 为光学系统的焦距.

　　现在 $2\eta$ 即为人的半身高,偏重于上身,约 0.7 m,$2\eta'$ 为接收面的尺寸,在接收面 9 mm×12 mm 的 9 mm 这一方向成半身高的像. 考虑到不能将成的像完全

充满接收器的尺寸,要留一些空,设尺寸 9 mm 的范围用 7 mm 来成像,此时,可由(2.3.17)式求出光学系统的焦距

$$f' = \frac{\eta'}{\eta} \times L = \frac{7\ \text{mm}}{0.7\ \text{m}} \times 300\ \text{m} = 3000\ \text{mm} = 3\ \text{m}$$

这便很容易再根据变倍比为 6 的要求,定出变焦距物镜的焦距范围是 500～3000 mm. 这是长焦距的变焦距物镜,相对孔径不能做得很大,因为相对孔径太大时,口径要大,不便于制造,同时重量也太大.

考虑到这是电视物镜,经常在室外使用,相对孔径取 1：15 也就可以了,此时口径为 200 mm,比较适中. 考虑到短焦距时相对孔径可以大一些,取为 1：10. 这个变焦距物镜的相对孔径是随焦距的不同而改变的. 短焦距时,前固定组不影响相对孔径,所以我们只对补偿组及后固定组的尺寸作适当考虑便可有相对孔径 1：10 的结果. 而长焦距的相对孔径由前固定组限制,仍然是 1：15. 由于成像接收面的尺寸已经是定值,所以视场角也就定了,它是一个小视场的变焦距物镜.

由于总焦距较大,变倍比也不算太小,用四透镜系统光学补偿法时,像面位移量仍较大. 用复杂的光学补偿法减小像面位移时,需用多组透镜,由于口径较大,需用多组大尺寸的透镜,这是不合适的. 因此,这种变焦距系统选用机械补偿法比较合适.

### 2.3.3　变焦距显微照相物镜

【例六】　如图 2-18 所示是一个包含变焦距系统在内的光学系统,图中 L 是一个平行光管,它的相对孔径是 1：7,成一像在 B 处,像高 $2\eta' = 3$ mm,要求设计一个变焦距物镜将 $2\eta'$ 这个像再放大、缩小成像,放大 6 倍,缩小 0.4 倍,同时要求光学系统的长度不能超过 250 mm.

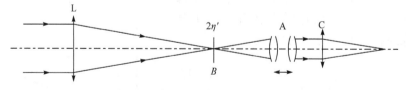

图 2-18　变焦距显微照相物镜原理图

这一问题是要求设计一个变焦距显微照相物镜. 可以考虑分成两组物镜,一组物镜是变焦距照相物镜,如图 2-18 中的 A 组那样,焦距是可以改变的,另一组如图中 C 组那样,焦距是固定的,A、C 两组透镜合起来便是一个变倍显微照相物镜.

首先确定 A 组的最长焦距. 因为要求显微照相物镜的变倍比较大,是

6/0.4=15，所以当最长焦距取得较小时，最短焦距便很小，这样变焦距物镜的视场角便会很大，不便于设计．但把最长焦距取得很长时，物镜的尺寸又会太大，会超过要求，所以需要定一个比较合适的最长焦距数值．

试取 A 组的最长焦距 $f'_L = 150\,\mathrm{mm}$，此时最短焦距 $f'_S = 150/15 = 10\,(\mathrm{mm})$．C 组的焦距 $f'_C$ 等于最长焦距乘缩小倍率，也等于最短焦距乘放大倍率，即 $f'_C = 150 \times 0.4 = 10 \times 6 = 60\,(\mathrm{mm})$．变焦距物镜的变倍比较大时，筒子长度与最长焦距差不多，为 150 mm 左右．C 组焦距为 60 mm，长度估计为 80 mm 左右．因此，长度尺寸是能够满足 250 mm 的要求的．

此时，A 组出射光束的最大视场角为

$$2\omega = 2\arctan\frac{\eta'/2}{f'_S} = 2\arctan\frac{3/2}{10} \approx 17°$$

这也是 C 组的入射光束的最大视场角．

当 A 组在最长焦距时，由 A 组出射的光束最宽，也即进入 C 组的最宽光束，此时 C 组的相对孔径最大，是 A 组出射的最宽轴上光束口径 $D_{\mathrm{Amax}}$ 与 C 组的焦距 $f'_C$ 之比，考虑到平行光管的相对孔径为 1:7，可得 C 组的最大相对孔径

$$D_{\mathrm{Amax}} : f'_C = \frac{150}{7} : 60 = 1:2.8 \tag{2.3.18}$$

此时变焦距物镜 A 组的相对孔径是 1:7，线视场是 $2\eta' = 3\,\mathrm{mm}$，在各种焦距时都是相同的，而焦距则是可变的．C 组焦距是不变的，而线视场从 1.2 mm 变到 18 mm(3 mm×0.4～3 mm×6)，相对孔径从 1:42 变到 1:2.8(1:(7×6)～1:(7×0.4))．

根据这样的参数，设计 A 组变焦距照相物镜不算是很困难的事，但是设计 C 组倒并不容易．粗看起来，C 组最大相对孔径为 1:2.8，最大视场角为 17°，是容易设计的．但仔细一看，C 组承受的是 A 组来的光束，而 A 组在变焦过程中，出瞳的位置是改变的，而且一般离 A 组的前片较远，亦即对 C 组来说入瞳是改变的，而且在离 C 组较远的地方．这样 C 组设计便比较困难，可能要用比较复杂的结构．此时很自然地会想到能否将 C 组作为变倍物镜的一部分，将两组物镜合在一起同时来考虑像差的校正．这样便要求变焦距物镜的前固定组用负透镜组较好，它可以与 C 组合在一起做成一新的透镜组，焦距由于是正、负透镜组的组合而变长，使设计变得容易起来．

负透镜组作为前固定组时，如前所述，可以用光学补偿法，也可以用机械补偿法．由于变焦距物镜的相对孔径较小，而且焦距也不太长，用光学补偿法时像面稳定性能满足要求，这样可免除机械补偿法中加工凸轮的困难．

根据这样的考虑，便可初步得出如图 2-19 所示的变倍显微照相物镜的结构示

意图. 图中 5 是变倍物镜的后固定组，2、4 均为正透镜组，它们连在一起作移动，以达到变倍与补偿的目的，3 原来是负透镜组，与 1 组合在一起，便成了正透镜组，而焦距比原来 C 组的焦距要大得多. 这样的结构简单，设计也并不困难.

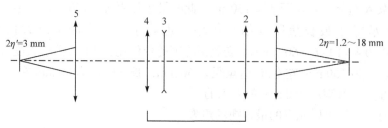

图 2-19　光学补偿变倍显微照相物镜

### 2.3.4　电视跟踪用变焦距物镜

【例七】　电视跟踪用变焦距物镜的参数确定.

对远程目标的跟踪，经常使用电视的方法来完成. 先由光学系统将远程目标成像在电视摄像靶面上，然后将靶面上的像经光电转换成像显示在监视器的屏上. 因为要跟踪远程目标，所以光学系统需要有长的焦距. 由于电视摄像管靶面尺寸的限制，长焦距光学系统只能有小的视场角，这对于近距离时快速搜索目标是不方便的，于是又需要有一个短焦距系统以增大视场角. 既要有长焦距，又要有短焦距，最好的方案是做成一个变焦距系统.

这类变焦距光学系统的参数选择，主要是指最长焦距、最短焦距以及相对孔径的选择. 焦距选定后，由于摄像管靶面尺寸已知，视场角也就确定了. 这些参数的选择主要要考虑使用的要求，但也要考虑实现的可能性.

#### 1. 焦距选择

由前面的(2.3.17)式可以看到，焦距越长，目标在靶面上成的像便越大，越易于识别. 但是焦距过长，光学系统的尺寸便过大，重量过重，这将是很不方便的. 这里便有一个在电视摄像管靶面上能探测识别的极限尺寸问题，根据这一极限尺寸，以及目标大小和要求的跟踪距离，便可求出长焦距需要的最小值.

美国部队电子作战部在弗吉尼亚州贝福瓦堡的夜视实验室，曾用实验测定过特殊目标的探测与识别概率，图 2-20 是得出的探测和识别概率(纵坐标)与目标像占线对数(横坐标)的函数关系图. 图中曲线 1 是探测要求，曲线 2 是识别人的要求，曲线 3 是识别车辆的要求. 从图中可以看到，有 1 对线的临界尺寸时，对探测目标即有 50% 的探测概率；有 1 行线时，也有 7% 的探测概率. 有 2 对线时，探测概率接近 100%. 于是，我们可以这样说：目标像以占 2 电视行为好. 我们做的实验结果基本与此相符.

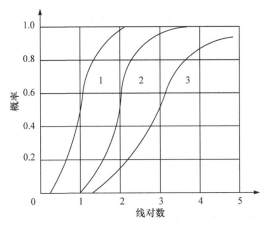

图 2-20　目标探测概率(1)、识别概率(2 和 3)与目标像占线对数的关系曲线

　　要增大探测距离，必须增长焦距和提高电视摄像管的分辨率. 例如，要探测距离为 30 km、直径为 2 m 的气球，用分辨率为 400 行、高度方向尺寸为 9.6 mm 的 1 in(英寸)电视摄像管时，光学系统的长焦距 $f_L'$，可由目标在最远距离时，其像在摄像管靶面上占有 2 电视行决定，即

$$2\times\frac{9.6\ \text{mm}}{400}=f_L'\times\frac{2\ \text{m}}{30\ \text{km}}$$

$$f_L'=720\ \text{mm}$$

　　光学系统的短焦距则要根据系统扫描搜索时需要的视场角来决定. 一般认为，视场角 $2\omega=2\times3°=6°$，即可以满足要求. 我们让电视摄像管与短焦距相匹配，在高度方向来达到这一要求，则在宽度方向还会有余量，此时短焦距 $f_S'$ 可由下式求出：

$$f_S'=\frac{4.8\ \text{mm}}{\tan3°}\approx91.6\ \text{mm}$$

2. 相对孔径选择

　　相对孔径的大小关系到光学系统分辨率的高低和进入光学系统能量的多少. 对电视跟踪系统而言，能量问题是主要的. 相对孔径大，进入光学系统的能量多，便于探测. 但此类系统的焦距较长，若相对孔径过大，则必须有大的口径，这将增加整个光学装备的重量和体积，使用不方便，也不经济. 应该考虑有适当大小的相对孔径.

　　1 in 氧化铅摄像靶面尺寸为 12.8 mm×9.6 mm，当靶面照度为 3 lx 时，接收到的光通量为 $3\times1.28\times0.96\times10^{-4}(\text{lm})$. 设摄像管的响应度为 $350\ \mu\text{A}/\text{lm}$，则信号电流

值为 $3\times1.28\times0.96\times10^{-4}\times350\times10^3\approx130(nA)$. 此种元件的暗电流为 $0.5\ nA$ 左右，放大器的噪声则大于此数，有时可达 $5\ nA$，所以在上述靶面照度下，信噪比可约为 $150\sim30$，这种情况下可以得到好的图像.

设天空背景亮度为 $0.1\ sb$，光学系统透过率为 $0.6$，相对孔径为 $1:A$，则根据 $(2.1.8)$ 式，要求

$$\frac{\pi\times0.1}{4A^2}\times10^4\times0.6=3 \tag{2.3.19}$$

可求出 $A\approx12$. 近来有些摄像管灵敏度比上述数字要高得多.

根据前面的讨论，对于上述探测要求，可以确定变焦距光学系统的参数为

焦距：$f'=(80\sim90\ mm)\sim(700\sim1000\ mm)$

相对孔径：$F/5.6\sim F/10$

主要焦距为 $90\sim700\ mm$. 为了具有更好的探测性能，将焦距扩大到 $1000\ mm$. 这时在前述目标的成像条件下，目标的像点有 $2.8$ 电视行. 为了具有更大的角视场，便于搜索目标，将短焦距缩短到 $80\ mm$，此时需要变倍组与补偿组增加的移动量并不大.

相对孔径取 $F/5.6$，这一方面是考虑到在能量方面留有余地，另一方面是考虑到光学系统中加入十字丝投影光路后，还要损失一部分能量. 同时相对孔径 $F/5.6$ 是对 $f'=80\sim700\ mm$ 而言的，此时，即使考虑轴外光线，最大光学系统外径为 $154\ mm$，仍不算太大. 焦距 $f'=1000\ mm$ 时，相对孔径为 $F/10$，但这时的能量在一般情况下还是够用的. 在这种参数条件下，探测距离 $30\ km$ 是完全可以的，探测距离 $50\ km$ 也有可能. 由于短焦距取为 $f'_S=80\ mm$，宽度×长度方向的跟踪视场角可以有 $6.8°\times9.1°$.

# 参 考 文 献

电影镜头设计组. 1971. 电影摄影物镜光学设计. 北京: 中国工业出版社.

陶纯堪. 1977. 变焦距光学系统变焦方程. 科学通报, (4/5): 207-209, 213.

王之江. 1959. 光学仪器通论. 中国科学院长春光学精密仪器研究所.

无线电公司. 1978. 电光学手册. 史斯, 伍琐, 译. 北京: 国防工业出版社.

薛鸣球. 1978. 变焦距物镜的高斯光学. 电影光学, (3): 1-5.

薛鸣球. 1980. 定焦与变焦光学系统中长焦距二级光谱的校正与色差平衡. 电影光学, (2): 14-19.

薛鸣球. 1984. 电视跟踪用光学系统. 仪器仪表学报, 5(3): 225-228.

# 第 3 章　光学传递函数的应用

光学传递函数(OTF)方法是常用的评价光学系统质量的方法，它的理论严密，可以对光学系统进行自动测量、数字化显示，它与光学系统的参数、像差有密切的联系，而且又与使用的指标有联系，所以在光学系统中的应用也越来越普遍. 现在各国 OTF 已进行标准化的工作，同时 OTF 方法还可以推广到成像过程的各个环节，便于总体质量的评价，因此在光学仪器的总体设计中也经常考虑使用它.

本章先对 OTF 的基本概念作一简单介绍，然后再重点介绍 OTF 的应用.

## 3.1　OTF 的基本概念

20 世纪 40 年代，人们用傅里叶分析这一数学手段来处理光学成像问题，得出了下列重要结论：非相干光学成像系统可以看作是一个低通线性滤波器，当光学系统输入一个正弦信号，即目标光强正弦分布时，输出仍然是同一频率的正弦信号，即目标成的像仍然是同一空间频率的正弦分布，只不过像的调制度有所降低，相位发生了移动. 调制度降低的程度和相位移动的大小是空间频率的函数，分别称为光学系统的调制传递函数(MTF)和相位传递函数(PTF)，合起来统称为光学传递函数(OTF). 这个函数的具体形式则完全由光学系统的成像性能决定，因此 OTF 客观地反映了光学系统的成像质量. 光学系统存在一个截止频率，对于这个频率，正弦目标的像的调制度降低到零.

目标经光学系统成像后一般都是能量减少、调制度降低和信息衰减，能量和调制度降低到不能被接收器感知和分辨时，也就谈不上信息，要能分辨目标往往主要是看调制度问题.

我们能描写目标的特征是因为其有调制度的不同. 对不同空间频率的目标，光学系统对其调制度传递的情况是不一样的，这一点很好理解. 我们用图 3-1 来说明，图 3-1(a)是分得比较开的目标，也就是空间频率比较低的目标，经光学系统成像能量扩散后，中间仍然有一间隔，对比或调制度仍较好. 假设原来两个靠得较近的目标，也就是空间频率比较高的目标，如图 3-1(b)所示，经光学系统成像能量扩散后，原来能量低的地方，由于衍射图形的叠加亦有一定的能量，从而使调制度降低，所以一般来说，光学系统对高频目标的调制度传递能力差.

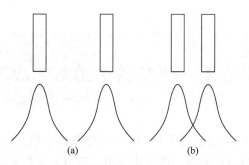

图 3-1　调制度传递能力与空间频率的关系示意图

通常所谓的分辨率是将物体结构分解为线或点，这只是分解物体的方法之一. 另一种方法是将物体结构分解为各种频率的谱，即认为物体是由各种不同的空间频率组合而成的. 这样光学系统的特性就表现为它对各种物体结构频率的反映：透过特性、调制度变化、相位推移.

下面我们用一个能量正弦分布的物体来看一下 MTF 的情形. 有一物体的能量分布如图 3-2 所示，能量为正弦分布，平均能量为 $b_0$，能量起伏为 $b_1$，则我们令该物体的调制度为

$$M_0 = \frac{I_{\max} - I_{\min}}{I_{\max} + I_{\min}} = \frac{(b_1 + b_0) - (b_0 - b_1)}{(b_1 + b_0) + (b_0 - b_1)} = \frac{b_1}{b_0} \tag{3.1.1}$$

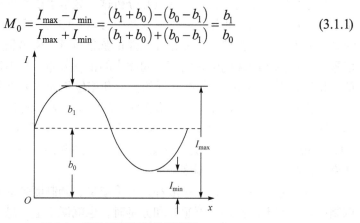

图 3-2　信号调制度定义示意图

物体调制度反映了物体的对比情况，若物体调制度 $M_0 = 1$，表示 $b_1 = b_0$，即 $I_{\min} = 0$，此时物体有最大的调制度. 若 $M_0 = 0$，表示 $b_1 = 0$，即能量没有起伏，物体则有最小的调制度. 设物体经光学系统成像后的调制度为 $M_1$，则光学系统对某一频率 $N$ 的调制传递函数(MTF)为

$$M_{\mathrm{TF}}(N) = \frac{M_1}{M_0} \tag{3.1.2}$$

这样我们可以求出各种频率处的 $M_{\mathrm{TF}}(N)$，作出 $M_{\mathrm{TF}}$ 与规化空间频率 $S$ 的关系曲线图. 一般的 MTF 曲线如图 3-3 所示，纵坐标是 $M_{\mathrm{TF}}$，$M_{\mathrm{TF}}$ 的最大值为 1，

横坐标是规化空间频率 $S$, $S$ 的最大值是 2. 规化空间频率 $S$ 与实际空间频率 $N$ 的关系由下式来表示：

$$S = \frac{\lambda}{n\sin U}N \qquad (3.1.3)$$

实际空间频率 $N$ 的单位是线对每毫米，本书用 Lp/mm 表示. 当 $S=2$ 时，有

$$N = \frac{2n\sin U}{\lambda} = \frac{2NA}{\lambda} \qquad (3.1.4)$$

所以此时为理论极限分辨频率，也就是说，$S=2$ 代表了极限规化空间频率. 从图 3-3 可以看到，当 $S=2$ 时，$M_{TF}=0$；当 $S=0$ 时，$M_{TF}=1$. 若实际 $M_{TF}=0$，则即使目标调制度很高，经光学系统传递后，像的调制度仍然是 0，这时光能接收器是不能感知的. 图 3-3 中所示的虚线为光能接收器能接收并感知的最小调制度水平，则此虚线与 MTF 曲线的交点 $A$ 所表示的空间频率为实际能感知的极限分辨能力. 瑞利分辨极限与理论分辨极限的比较如表 3-1 所示.

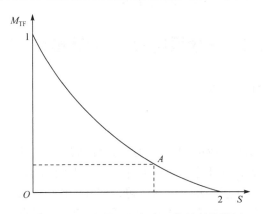

图 3-3　$M_{TF}$ 与规化空间频率 $S$ 的关系曲线图

**表 3-1　瑞利分辨极限与理论分辨极限的比较**

| 光学系统 | 瑞利分辨极限 | $S=2$ 时的理论分辨极限 |
|---|---|---|
| 显微物镜 | $\delta = \dfrac{0.61\lambda}{n\sin U}$　$N = \dfrac{1.67n\sin U}{\lambda}$ | $\delta = \dfrac{0.5\lambda}{n\sin U}$　$N = \dfrac{2n\sin U}{\lambda}$ |
| 望远物镜 | $\lambda = 0.59\,\mu m$ 时　$\theta = \dfrac{140''}{D}$ | $\theta = \dfrac{112''}{D}$ |
| 照相物镜 | $\lambda = 0.59\,\mu m$ 时　$N = \dfrac{1470}{F/\#}\,Lp/mm$ | $N = \dfrac{1800}{F/\#}\,Lp/mm$ |

我们可以注意到,截止分辨能力并不能完全描写光学系统的质量. 如图 3-4(a) 中有两条 MTF 曲线,具有相同的实际截止频率,但质量却很不相同. 在低频部分, 有大的 $M_{TF}$ 值的曲线 A 显然优越些. 而图 3-4(b)中的两条调制曲线,一条在低频 部分的 $M_{TF}$ 值大些,另一条在高频部分的 $M_{TF}$ 值大些,要判断哪一条曲线所代表 的光学系统质量更好些,要看实际情况而定,也就是看光学系统使用时,是着眼 于低频,还是着眼于高频.

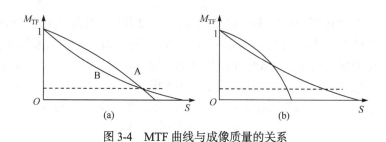

图 3-4 MTF 曲线与成像质量的关系

# 3.2 光学系统 OTF 的计算和测量

### 3.2.1 光学系统 OTF 的计算

1. 计算公式推导

前面已经讲过光学系统的 OTF 是对正弦目标成像的反映,表现为调制度的下 降和相位的错动. 下面从理论上解释为什么会出现调制度降低和相位的错动. 将 正弦能量分布的物体作进一步的分解,可以将其看作由无限多个宽度趋于零的狭 缝组合而成. 每一个这样的狭缝经过光学系统后有一个扩散的能量分布,此即线 扩散函数(LSF),这无限多的狭缝叠加,即得到像的能量分布. 由于无限窄的狭缝 成像后,弥散成 LSF,不再是无限狭窄了,这就使正弦物体像的调制度降低了. 而 像的相位错动,则是由 LSF 不对称造成的.

假设一亮暗相间的目标,亮度遵循正弦或余弦函数变化,其能量分布 $G(x)$ 可 表示为

$$G(x) = b_0 + b_1 \cos 2\pi N x \tag{3.2.1}$$

式中 $N$ 为空间频率. 这物体的调制度 $M_0$ 可由(3.1.1)式给出,即

$$M_0 = \frac{b_1}{b_0} \tag{3.2.2}$$

设对指定视场、指定孔径、指定焦面的光学系统,LSF 为 $A(\delta)$ ,则此目标经

过光学系统成像后，在像面上的能量贡献 $F(x)$ 就是 LSF 与目标能量的卷积，即

$$F(x)=\int A(\delta)G(x-\delta)\mathrm{d}\delta$$
$$=b_0\int A(\delta)\mathrm{d}\delta+b_1\int A(\delta)\cos 2\pi N(x-\delta)\mathrm{d}\delta \tag{3.2.3}$$

其第二项的积分可表示为

$$\int A(\delta)\cos 2\pi N(x-\delta)\mathrm{d}\delta=\cos 2\pi Nx\int A(\delta)\cos 2\pi N\delta\mathrm{d}\delta$$
$$+\sin 2\pi Nx\int A(\delta)\sin 2\pi N\delta\mathrm{d}\delta$$

将(3.2.3)式除以 $\int A(\delta)\mathrm{d}\delta$ 后，得新的分布函数，我们仍用 $F(x)$ 来表示

$$F(x)=b_0+b_1 A_c(N)\cos 2\pi Nx+b_1 A_s(N)\sin 2\pi Nx$$
$$=b_0+b_1\big|A(N)\big|\cos(2\pi Nx-\varphi) \tag{3.2.4}$$

其中

$$\big|A(N)\big|=\Big[A_c^2(N)+A_s^2(N)\Big]^{1/2} \tag{3.2.5}$$

$$A_c(N)=\frac{\int A(\delta)\cos 2\pi N\delta\mathrm{d}\delta}{\int A(\delta)\mathrm{d}\delta} \tag{3.2.6}$$

$$A_s(N)=\frac{\int A(\delta)\sin 2\pi N\delta\mathrm{d}\delta}{\int A(\delta)\mathrm{d}\delta} \tag{3.2.7}$$

$$\cos\varphi=\frac{A_c(N)}{\big|A(N)\big|},\quad \sin\varphi=\frac{A_s(N)}{\big|A(N)\big|} \tag{3.2.8}$$

这组式子的物理意义可用图 3-5 来理解. 图 3-5(a)表示的是原目标的亮度分布, (b)是光学系统的 LSF, (c)是原目标的扩散情况, (d)则是最后像面的能量分布. 从最后的像面能量分布，可以看到成像后的像面调制度降低了，相位也有所推移.

现在像面上的调制度是

$$M_1=\frac{b_1}{b_0}\big|A(N)\big|=M_0\big|A(N)\big| \tag{3.2.9}$$

光学系统的 MTF 即为

$$M_{\mathrm{TF}}(N)=\frac{M_1}{M_0}=\big|A(N)\big| \tag{3.2.10}$$

而 PTF 即等于 $\varphi$.

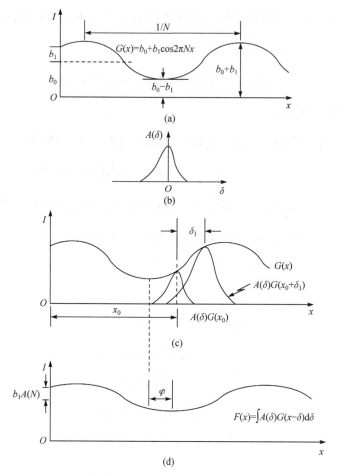

图 3-5　OTF 的物理意义示意图

我们还可以从傅里叶变换理论很快得出前述结果. 对 (3.2.3) 式两边取傅里叶变换. 根据傅里叶变换的卷积定理, 即两个函数卷积的傅里叶变换等于这两个函数傅里叶变换的乘积, 可得

$$f(N) = a(N) \cdot g(N) \tag{3.2.11}$$

$$a(N) = \frac{f(N)}{g(N)} \tag{3.2.12}$$

其中 $a(N)$ 是线扩散函数 $A(\delta)$ 的傅里叶变换, $g(N)$ 是物体的频谱, $f(N)$ 是像的频谱. 这两者的比 $a(N)$ 就是光学系统对物体频谱的频率响应, 也即光学系统的OTF. 所以

$$O_{\mathrm{TF}}(N) = a(N) = \int_{-\infty}^{+\infty} A(\delta) \mathrm{e}^{-\mathrm{i}2\pi N\delta} \mathrm{d}\delta \tag{3.2.13}$$

这一结论与前面的结果是一样的，只不过前面是用傅里叶余弦变换和正弦变换分别表示罢了.

由此可见，光学系统的 OTF 就是其 LSF 的傅里叶变换. 这个结论很重要，它是计算光学系统 OTF 的基础.

我们知道了 LSF 后可求出 OTF，但 LSF 如何求得？它与光学系统的像差以及结构参数又有什么关系呢？只有明确这些关系后才能求出 OTF.

假设光学系统的光瞳坐标为 $(x,y)$，像面坐标为 $(\eta,\zeta)$，按这个坐标系，推广到二维情况，二维规化频率用 $(s,t)$ 表示，对应于 $(3.2.13)$ 式，则有

$$O_{TF}(s,t) = \int_{-\infty}^{+\infty}\int_{-\infty}^{+\infty} A(\eta,\zeta)e^{-i2\pi(s\eta+t\zeta)}d\eta d\zeta \tag{3.2.14}$$

根据衍射理论，二维扩散函数 $A(\eta,\zeta)$ 等于点物引起的像面上振幅分布函数 $\varphi(\eta,\zeta)$ 的模的平方. 此点物像的振幅函数 $\varphi(\eta,\zeta)$ 已由经典电磁波理论导出，是

$$\varphi(\eta,\zeta) = \iint_{光孔} \tau(x,y)e^{-ikW(x,y)} \cdot e^{2\pi i(\eta x+\zeta y)}dxdy \tag{3.2.15}$$

式中 $\tau(x,y)$ 是光瞳透过率函数；$W(x,y)$ 是波像差；$k=2\pi/\lambda_0$，$\lambda_0$ 是工作波长.

我们定义光瞳函数为

$$f(x,y) = \begin{cases} \tau(x,y)e^{-ikW(x,y)}, & 点(x,y)在光瞳内 \\ 0, & 点(x,y)不在光瞳内 \end{cases} \tag{3.2.16}$$

则 $(3.2.15)$ 式可写成

$$\varphi(\eta,\zeta) = \iint_{-\infty}^{+\infty} f(x,y)e^{2\pi i(\eta x+\zeta y)}dxdy \tag{3.2.17}$$

表明 $\varphi(\eta,\zeta)$ 和 $f(x,y)$ 互为傅里叶变换. 由此，光学系统的 OTF 可以写成

$$\begin{aligned} O_{TF}(s,t) &= \int_{-\infty}^{+\infty}\int_{-\infty}^{+\infty} A(\eta,\zeta)e^{-2\pi i(s\eta+t\zeta)}d\eta d\zeta \\ &= \int_{-\infty}^{+\infty}\int_{-\infty}^{+\infty} |\varphi(\eta,\zeta)|^2 e^{-2\pi i(s\eta+t\zeta)}d\eta d\zeta \\ &= \int_{-\infty}^{+\infty}\int_{-\infty}^{+\infty} \varphi(\eta,\zeta)\varphi^*(\eta,\zeta)e^{-2\pi i(s\eta+t\zeta)}d\eta d\zeta \end{aligned} \tag{3.2.18}$$

这是一个共轭函数的傅里叶变换. 根据自相关函数的傅里叶变换性质，它应等于振幅分布函数 $\varphi(\eta,\zeta)$ 的傅里叶变换函数 $f(x,y)$ 的自相关积分，即

$$O_{TF}(s,t) = \int_{-\infty}^{+\infty}\int_{-\infty}^{+\infty} f(x,y)f^*(x-s,y-t)dxdy \tag{3.2.19}$$

$$O_{TF}(s,t) = \int_{-\infty}^{+\infty}\int_{-\infty}^{+\infty} \tau(x,y)e^{-ik\left[W\left(x+\frac{s}{2},y+\frac{t}{2}\right)-W\left(x-\frac{s}{2},y-\frac{t}{2}\right)\right]}dxdy \tag{3.2.20}$$

当 $s=t=0$ ，不考虑光学系统的透过率时， $O_{TF}(s,t)$ 应该等于 1 ，而此时积分的结果是通光孔的面积. 以 $A$ 表示通光孔的有效面积，以 $A_{s,t}$ 表示 $s,t$ 为某一定值时的积分域，此积分域即如图 3-6 所示的作位错后的范围. 此域内的坐标点均不超出通光孔，显然面积 $A_{s,t}<A$ . 考虑了这些后，可得

$$O_{TF}(s,t)=\frac{1}{A}\iint_{A_{s,t}}\mathrm{e}^{-ik\left[W\left(x+\frac{s}{2},y+\frac{t}{2}\right)-W\left(x-\frac{s}{2},y-\frac{t}{2}\right)\right]}\mathrm{d}x\mathrm{d}y \tag{3.2.21}$$

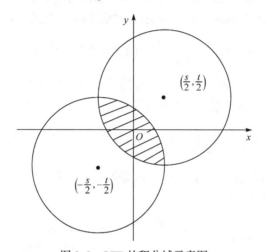

图 3-6   OTF 的积分域示意图

当波像差为零时，对某一频率 $(s,t)$ 的传递函数即为面积 $A_{s,t}$ 与 $A$ 的比值，此比值恒小于 1 ，即对某一频率 $(s,t)$ 的理想传递函数恒小于 1 .

从前面的讨论可以知道，光学系统的 OTF 是光瞳函数的自相关积分，而光瞳函数是与波像差有关的，波像差则由光学系统的结构参数决定，因此我们可以由光学系统的结构参数求出波像差，进而求出光瞳函数，再计算出光学传递函数.

2. 计算方法

综合上述，把光学系统各个函数之间的关系用图 3-7 表示. 据图 3-7 可以看到计算光学传递函数的方法一般有三种：

一是自相关法，即图中 $ABC$ 的途径.

二是快速傅里叶变换法，沿图中 $ABB'C'$ 的途径，经过两次傅里叶变换，具有速度快、数据全等优点，但需用大容量计算机.

三是点列图方法，沿 $A'C'$ 的途径，是一种几何光学近似计算方法，在低频时常用，速度快，有一定精度.

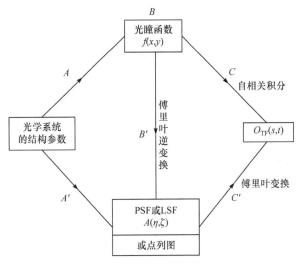

图 3-7　光学系统各函数间的关系图

### 3. 计算实例

下面举一个简单的计算 OTF 的实例，以便了解方法的梗概. 应用(3.2.5)~(3.2.8)式来计算，积分用数值积分法.

我们假定从光线计算结果已得到点列图，如图 3-8(a)所示. 在点列图 $x$ 方向取间隔 $\Delta x$，同时计算这间隔中的点数 $N(x)$，作出 $x$ 对规化 $N(x)$ 的图，便可表示线扩散函数 $A(x)$，如图 3-8(b)所示. 图 3-8(c)则列出了计算过程中各种函数的图示，我们来求频率 $N = 0.1$ 的光学传递函数. 对于各个不同位置 $x$ 的线扩散函数 $A(x)$ 的值如表 3-2 第 2 行所示，第 4 行给出各个 $x$ 位置的 $2\pi Nx$，第 5、6 行分别给出 $\cos(2\pi Nx)$、$\sin(2\pi Nx)$，第 7、8 行分别给出 $A(x)\cos(2\pi Nx)\Delta x$、$A(x)\sin(2\pi Nx)\Delta x$，由第 2 行、第 7 行、第 8 行得出

$$\sum A(x)\Delta x = 5.1 \tag{3.2.22a}$$

$$\sum A(x)\cos(2\pi Nx)\Delta x = 2.51236 \tag{3.2.22b}$$

$$\sum A(x)\sin(2\pi Nx)\Delta x = 0 \tag{3.2.22c}$$

将这些值代入(3.2.6)~(3.2.8)式中，得

$$A_c(0.1) = \frac{2.51236}{5.1} \approx 0.493$$

$$A_s(0.1) = 0$$

$$A(0.1) = \sqrt{A_c(0.1)^2 + A_s(0.1)^2} = 0.493$$

$$M_{TF}(0.1) = |A(0.1)| = 0.493$$

$$\tan\varphi = \frac{0}{0.493} = 0, \quad \varphi = 0$$

计算出各个不同 $N$ 处的 $M_{TF}$，便可得出调制传递函数曲线了.

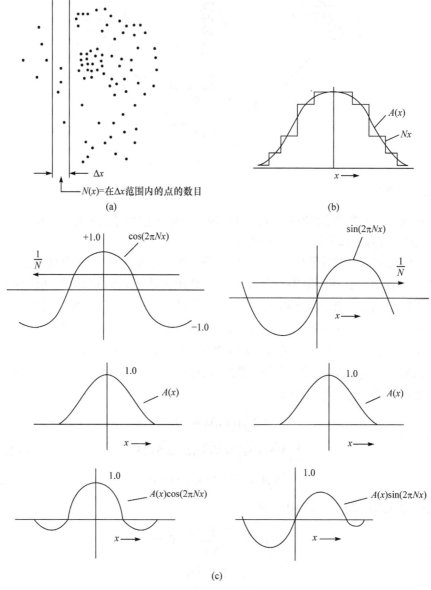

图 3-8　OTF 中各函数的计算过程图示

表 3-2　OTF 计算过程示例列表

| | | $-4.5$ | $-3.5$ | $-2.5$ | $-1.5$ | $-0.5$ | $+0.5$ | $+1.5$ | $+2.5$ | $+3.5$ | $+4.5$ |
|---|---|---|---|---|---|---|---|---|---|---|---|
| 1 | $x(\Delta x=1)$ | $-4.5$ | $-3.5$ | $-2.5$ | $-1.5$ | $-0.5$ | $+0.5$ | $+1.5$ | $+2.5$ | $+3.5$ | $+4.5$ |
| 2 | $A(x)$ | 0.05 | 0.2 | 0.5 | 0.8 | 1.0 | 1.0 | 0.5 | 0.5 | 0.2 $\sum A(x)\Delta x=+5.10$ | 0.05 |
| 3 | $Nx$ | $-0.45$ | $-0.35$ | $-0.25$ | $-0.15$ | $-0.05$ | $+0.05$ | $+0.15$ | $+0.25$ | $+0.35$ | $+0.45$ |
| 4 | $2\pi Nx$ | $-0.9\pi$ $(-162°)$ | $-0.7\pi$ $(-126°)$ | $-0.5\pi$ $(-90°)$ | $-0.3\pi$ $(-54°)$ | $-0.1\pi$ $(-18°)$ | $+0.1\pi$ $(+18°)$ | $+0.3\pi$ $(+54°)$ | $+0.5\pi$ $(+90°)$ | $+0.7\pi$ $(+126°)$ | $+0.9\pi$ $(+162°)$ |
| 5 | $\cos(2\pi Nx)$ | $-0.95106$ | $-0.58779$ | 0 | $+0.58779$ | $+0.95106$ | $+0.95105$ | $+0.58779$ | 0.0 | $-0.58779$ | $-0.95106$ |
| 6 | $\sin(2\pi Nx)$ | $-0.30902$ | $-0.80902$ | $-1.0$ | $-0.80902$ | $-0.30902$ | $+0.30902$ | $+0.80902$ | $+1.0$ | $+0.80902$ | $+0.30902$ |
| 7 | $A(x)\cos(2\pi Nx)\Delta x$ | $-0.04755$ | $-0.11756$ | 0.0 | $+0.47023$ | $+0.95106$ | $+0.95106$ | $+0.47023$ | 0.0 | $-0.11756$ $\sum A(x)\cos(2\pi Nx)\Delta x = 2.51236$ | $-0.04755$ |
| 8 | $A(x)\sin(2\pi Nx)\Delta x$ | $-0.01545$ | $-0.16180$ | $-0.5$ | $-0.64722$ | $-0.30902$ | $-0.30902$ | $+0.64722$ | $+0.5$ | $+0.16180$ $\sum A(x)\sin(2\pi Nx)\Delta x = 0.0$ | $+0.01545$ |

### 4. 典型传递函数曲线

从上面讨论可知,从光学系统的结构参数可求出光学系统的传递函数,我们可以对一些典型的光学系统像差校正情况计算一批传递函数曲线,以便对像差与传递函数的关系有一个粗略的了解,图 3-9 列出了一些典型的像差和中心遮拦与传递函数的关系.

图 3-9(a)是理想传递函数曲线,即无像差时的情况.此时的传递函数降低是由衍射效应所引起的,其传递函数值也就是频率 $s,t$ 位错后的公共面积与通光孔面积之比.从图可以看到,当频率 $s=1$ 时,$M_{TF}=0.4$,即当要求的空间频率是截止频率的一半时,理想的传递函数也是 0.4.

图 3-9(b)是不同离焦时的传递函数曲线.左图是根据波像差方法计算的结果,右图是根据几何方法计算的结果.图中曲线 A、B、C、D、E 分别是离焦为 0、0.5 倍焦深、1 倍焦深、1.5 倍焦深、2 倍焦深的情形,从曲线可以看到离焦对传递函数的影响是很大的.当离焦为 1 倍焦深,即波像差为 $\lambda/2$ 时,对 $s=1$ 的频率,波像差计算的传递函数仅 0.08,而几何计算的传递函数为负的了.当离焦为 0.5 倍焦深时,对 $s=1$ 的频率,两种方法计算的传递函数值分别为 0.3 和 0.18,所以一般认为离焦为 1 倍焦深时,成像质量还是可以的,实际上传递函数已降低很多了.

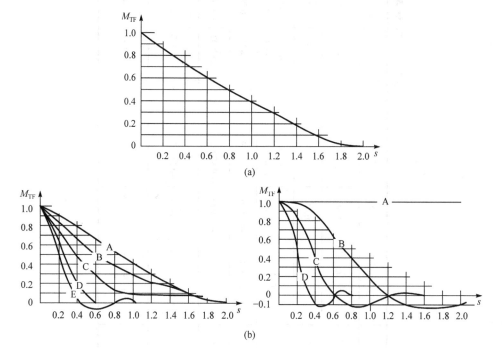

(a)

(b)

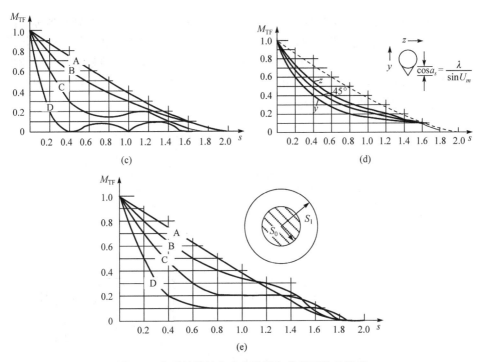

图 3-9　典型的像差和中心遮拦与传递函数的关系

图 3-9(c)为存在初级球差时的传递函数曲线，图中 A、B、C、D 四条曲线分别是初级球差为 0、$\lambda/4$、$\lambda/2$、$\lambda$ 的结果. 当存在 $\lambda/4$ 的球差时，对频率 $s=1$，传递函数为 0.3，比理想传递函数降低 0.1.

图 3-9(d)是存在初级彗差时的传递函数曲线，图中表示的曲线是存在弧矢彗差 $K_S = \lambda/\sin U_m$ 的情况. 当频率 $s=1$ 时，子午、弧矢两个方向的传递函数值分别为 0.16 和 0.25，在 45°方向为 0.21.

图 3-9(e)则为有中心遮拦时的传递函数曲线图,图中曲线 A 为无遮拦的情况，B、C、D 分别为遮拦直径比为 0.25、0.5、0.75 的情况，从图中可以看到，在中心有遮拦时，高频部分的传递函数值反而有所提高，这也就是普通的折反射系统往往对高对比度目标成像好、对低对比度目标成像差的原因.

### 3.2.2 光学系统 OTF 的测量

OTF 的测量方法很多，用得最多的是扫描法，对光强为正弦分布的目标——正弦板，经被测系统成像，测量出像的对比和相位移动，就得出了被测系统的 MTF 和 PTF. 用矩形光栅之类的目标板代替正弦板，用电学方法滤去高次谐波便是光电傅里叶扫描分析法. 若用狭缝或直边，经被测系统成像后，用电学方法作傅里叶分析，即是电学傅里叶扫描分析法.

图3-10是典型的光学扫描法测量OTF装置的结构示意图. 各部分的名称已注在图中, 这种装置是把狭缝作为物, 用正弦板在像面上扫描狭缝的像来测量传递函数的. 这与正弦板作为物, 用狭缝在像面上扫描正弦板的像的测量方法, 效果是一样的. 对实际测量来说, 用正弦板在像面上扫描狭缝的像则容易实现得多, 下面说明这种装置的各个部分.

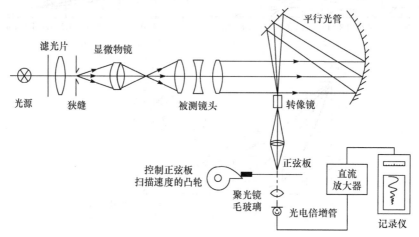

图 3-10    光学扫描法测量 OTF 装置的结构示意图

### 1. 光源部分

光源部分由灯泡、聚光镜、滤光片和毛玻璃组成, 灯泡经聚光镜照明狭缝, 以获得有足够光强且均匀的非相干照明, 采用不同的滤光片可以测量不同色光的传递函数.

### 2. 显微物镜

显微物镜的作用是将被照明的狭缝缩小并一次成像在待测物镜的像面上, 位于被测系统像面上的狭缝, 宽度应该比待测系统的线扩散函数有效宽度小一个数量级才不致影响测量精度. 但是狭缝也不能太窄, 否则进入测量系统里的光能量就太小, 给测量带来了困难. 用显微物镜后将狭缝缩小成像在待测物镜的像面上, 实际的狭缝宽度便可增宽, 此时狭缝的像是窄的, 但有高的照度. 在系统中加了一个显微物镜, 它的像差会影响测量结果, 因此要求使用大数值孔径且像差校正得好的显微物镜, 这样对较小相对孔径的待测物镜的传递函数测量精度几乎没有影响.

### 3. 平行光管和转像镜

平行光管可以是透射式的, 也可以是反射式的. 反射式平行光管没有色差, 做成离轴式安装时, 也可以没有中心遮拦. 平行光管的作用有二: 一是提供无限共轭距这一测试照相物镜通常用的条件；二是因为平行光管物镜焦距一般比被测系统的焦距长得多，这样正弦板的实际空间频率就不要求做得很高. 由于正弦板是放在平行光管焦面上的，对被测系统来说，空间频率提高到原来的 $f_0 / f$ 倍，这里 $f_0$ 是平行光管的焦距，$f$ 是待测物镜的焦距. 转像镜的作用则是测量狭缝取不同方向时的 MTF 值，而不必改变正弦板的扫描方向.

### 4. 正弦板

因为正弦板是在像方进行扫描的，所以正弦板可以不必是透过率按正弦变化而可以是面积按正弦变化. 这种面积型正弦板容易做，精度可以高，现在 OTF 测量仪几乎都是采用面积型正弦板. 经常使用的面积型正弦板有两种：一种是空间频率由低到高连续改变的，另一种是空间频率间断变化的. 从理论上讲，因为被测系统的线扩散函数在空间是延续到无限远的，所以正弦板的每组频率都应该有无限多个周期. 实际上，每个频率都只能有有限个周期，这样就会带来误差，但假如每组频率的周期足够多，使得它们的总宽度比线扩散函数的有效宽度大的话，这一效应引起的测量误差就可以忽略.

### 5. 狭缝

因为用的是面积型正弦板,这就对狭缝的平行性和照明的均匀性有高的要求，即通过狭缝的光通量和狭缝的长度呈线性关系. 从理论上讲，要求狭缝像是无限窄的，但在实际测量中，狭缝像必须有一定宽度才可能有足够的光能量以便测量，于是便有测量误差，这种误差可以进行计算并修正.

### 6. 接收、记录部分

这一部分的作用是对扫描获得的光电信号进行处理. 最简单的方式是将所得光电流作直流放大，然后用记录仪自动记录各个频率的信号幅度及零频的信号幅度，它们的比值就是各个频率的 MTF 值.

测量 PTF 的方法就不再介绍了.

## 3.3　其他环节的传递函数

本节对成像过程中的其他环节的传递函数作一简要的介绍，以便于光学系统总体设计时应用.

### 3.3.1　人眼

目视系统都是以人眼作光学接收器的，摄影、电影、光谱仪器、电视等系统，虽然不是用人眼直接接收物体的像，但制成底片、相片，绘成曲线，或在荧光屏、白屏上显示后，也是用人眼来判读、观察的，因此，人眼的性能是光学系统总体设计中必须考虑的重要一环.

人眼作为生理光学系统，既有光学系统的一般特点，又有生理学上的一些特殊反映. 人眼中的晶状体，相当于一可调焦的双透镜，有衍射作用和像差. 因此，物体通过眼球成像到视网膜上要形成一个扩散函数. 一般认为人眼成像的能量分布可表示为指数函数，当瞳孔直径为 3 mm 时，线扩散函数为

$$F(x) = Ke^{-0.7|x|} \tag{3.3.1}$$

式中，$x$ 为位置坐标，$F(x)$ 为相对强度. 其图形如图 3-11(a)所示.

进行傅里叶变换后，得到 MTF 的图形如图 3-11(b)所示，也可用下面的近似式来表示：

$$M_{TF}(N) = \frac{1}{1+100N^2} \tag{3.3.2}$$

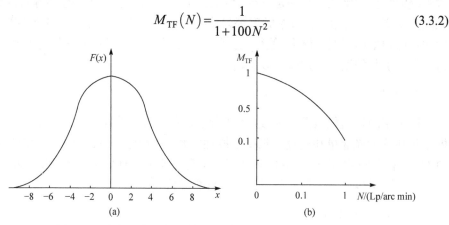

图 3-11 人眼光学系统的线扩散函数模型(a)及其 MTF 曲线(b)

根据人眼光学系统的线扩散函数测定值求出的 MTF 曲线如图 3-12 所示.

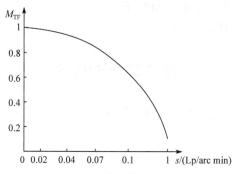

图 3-12 人眼光学系统实测 MTF 曲线

人眼视觉系统作为一个系统，除了眼球的作用，还要考虑到视网膜以及包括视神经和大脑在内的处理系统的影响,这些部分的 MTF 测定值总的情况如图 3-13 所示. 图中曲线 A 为剥离网膜中心凹处的测量值，B 为角膜+晶状体的测量值，C 为处理系统的测量值，D 为视网膜+处理系统(视神经+大脑)的测量值.

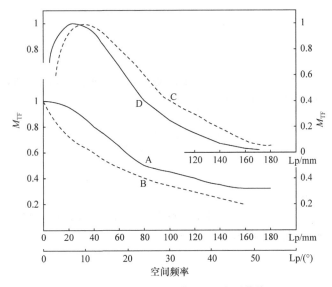

图 3-13　人眼视觉系统 MTF 实测曲线

从曲线可以看到，MTF 的截止频率在 150～200 Lp/mm，在低频及截止频率处的 MTF 值均小，在 30 Lp/mm 左右 MTF 有极值.

人眼作为接收器，还存在一个目标能被发现的极限对比问题. 人眼能发现的能量起伏为 0.05，即最高能量为 1，最低能量为 0.95 时也能发现，所以人眼能接收感知的极限调制度值为

$$M_e = \frac{1-0.95}{1+0.95} \approx 0.026 \tag{3.3.3}$$

目视仪器各个环节的传递函数值可以以此为考虑的出发点.

### 3.3.2 底片

底片的 MTF 是由乳剂层和片基的反射、乳剂感光银粒的颗粒性等造成的，它是各向同性的，即扩散函数是对称分布的. 底片的 MTF 主要由实验来测定，但不同的作者也曾用不同的近似式子表示底片的 MTF 和扩散函数，并列出与实验测定结果符合的精确程度. 精度较高的近似表示有四种，表示式基本上都是高斯函数或指数函数，现介绍其中的一种.

所表示的线扩散函数为

$$A(x) = \frac{a}{2}\exp\left[-a(x)\right] \tag{3.3.4}$$

其 MTF 便为

$$M_{\text{TF}}(N) = \frac{1}{1 + \left(\dfrac{2\pi N}{a}\right)^2} \tag{3.3.5}$$

式中 $a$ 是与底片性能有关的系数,可由实验测定. 例如,测定了频率为 15 Lp/mm 的 MTF 值为 0.8,则由(3.3.5)式,有

$$0.8 = \frac{1}{1 + \left(\dfrac{2\pi \times 15}{a}\right)^2}$$

求出 $a \approx 188 \, \text{Lp}/\text{mm}$.

必须指出,不同底片的 $a$ 值是不一样的,因此底片的传递函数不仅与底片本身性能有关,还与显影、定影条件有关.

### 3.3.3  摄像管

摄像管是一种电子成像元件,这种元件的成像转换环节是光电阴极、电子束和荧光体. 目前影响成像质量的主要环节是荧光体输出窗的玻璃组合,用光学纤维耦合可以大大改善这种状况.

摄像管的点扩散函数是对称分布的,但每个管子可以相差很大,所以一般没有通用的近似表示公式,只能单个管子进行测量.

除硅靶摄像管外,一般工业电视管、氧化铅摄像管,靶面都是微晶结构,对管子的 MTF 影响很小,打在靶面上的电子束的电子分布可以近似为高斯分布,其等效的矩形分布宽度为 20~40 μm. 这就是所谓孔阑效应,用这样分布的电子束扫描所能得到的最密的扫描线数为

$$\frac{1}{40 \, \mu\text{m}} \sim \frac{1}{80 \, \mu\text{m}} = 25 \sim 12.5 \, \text{Lp}/\text{mm}$$

25 Lp/mm 相当于广播电视中的 625 扫描电视行,15 Lp/mm 相当于 400 行. 在 25 Lp/mm 时,MTF 值等于 0;而在 15 Lp/mm 时,MTF 值等于 0.4. 实际使用时,在电路中要加入孔阑校正,使在 400 电视扫描行时 MTF 值接近于 1.

### 3.3.4  微通道板

半导体玻璃制成的细管可以作为电子倍增器,其倍增的原理是基于二次电子

的发射. 当一个光子由细管的一端射到管壁上时，管壁释放出电子，电场的作用使电子沿着通道轴线加速并偏折，以足够的能量射到另一部分管壁上，打出二次电子. 在整个通道内不断重复这一过程，便得到电子倍增的效应. 大量细微的通道倍增器组合就构成微通道板(MCP).

一般认为微通道板的通道直径为 $d$ 时，其合理的分辨线对距离为

$$2h = d\sqrt{3} \tag{3.3.6}$$

例如，当 $d = 25\ \mu m$ 时，$2h \approx 43.3\ \mu m$，则该板的分辨率为 23 Lp/mm.

因微通道横截面是一个圆形孔，所以其 MTF 为

$$M_{TF}(N) = 2\left|\frac{J_1(2\pi Nd)}{2\pi Nd}\right| \tag{3.3.7}$$

式中 $J_1$ 为一阶贝塞尔函数. 例如，当 $d = 25\ \mu m$ 时，在 23 Lp/mm 处的 MTF 值为

$$M_{TF}(23) = 2\left|\frac{J_1(2\pi \times 23 \times 0.025)}{2\pi \times 23 \times 0.025}\right| = 0.84$$

### 3.3.5 大气抖动

一般的大气抖动是紊乱的波阵面，由于不知道其瞬时的波面变化具体情况，必须计算一定时间间隔内的平均 MTF 值. 大气抖动一般可以分为两类：一类是靠近地面的大气抖动，频率很高，在 500 周每秒以上，此类大气抖动的幅度也较大，是需要主要考虑的；另一类大气抖动是对流层的大气扰动，速度极小，幅度也不大，这类扰动由于系统曝光时间较短，并无明显影响，对于要求高的光学系统才需要考虑.

大气抖动可以看作是随机的角度移动，若设偏离到各个方向的概率是相同的，偏离到各个位置的概率按正态分布，则其概率密度函数为

$$P(r) = \frac{1}{2\pi a^2}\exp\left(-\frac{r^2}{2a^2}\right) \tag{3.3.8}$$

式中 $r$ 为离像点中心的半径，$a$ 为偏离的均方根值(线度).

设曝光时间较大气抖动的周期长得多，那么物平面上的一个点光源经大气抖动扩散后形成的能量分布将与此概率密度成正比，所以点像的扩散函数即为

$$f(r) = \frac{1}{2\pi a^2}\exp\left(-\frac{r^2}{2a^2}\right) \tag{3.3.9}$$

因此，表示大气抖动作用的传递函数为

$$M_{TF}(N) = \exp\left(-2\pi^2 a^2 N^2\right) \tag{3.3.10}$$

例如，大气抖动的角度均方根值 $\delta = 2''$ ，当摄影系统的焦距为 7000 mm 时，有

$$2\pi^2 a^2 N^2 = 2\pi^2 \times \left( 7 \times 10^3 \times \frac{2}{2 \times 10^5} \right)^2 N^2 = 0.1 N^2$$

故此时的大气抖动的 MTF 为

$$M_{\text{TF大气}}(N) = \exp\left(-0.1 N^2\right)$$

这影响是很大的. 当 $N = 10\,\text{Lp}/\text{mm}$ 时， $M_{\text{TF大气}}(10) = \mathrm{e}^{-10} \approx 0$ ；当 $N = 3\,\text{Lp}/\text{mm}$ 时， $M_{\text{TF大气}}(3) = \mathrm{e}^{-0.9} \approx 0.41$ . 当然，在大气抖动较小和焦距较短时，影响还是不大的.

### 3.3.6　机械扰动

一般机械振动可认为是正弦式的，所以有如下表示式：

$$x = \frac{a}{2} \sin Kt \tag{3.3.11}$$

其中 $a$ 是正弦振动的峰峰值. 由上式微分可求出振动速度为

$$V = K \frac{a}{2} \cos Kt \tag{3.3.12}$$

曝光量与此速度成反比，故线扩散函数为

$$f(x) = \frac{A}{V} = \frac{A'}{\cos Kt} \tag{3.3.13}$$

与此相应的 MTF 便为

$$M_{\text{TF}}(N) = \mathrm{J}_0(\pi a N) \tag{3.3.14}$$

式中 $\mathrm{J}_0$ 为零阶贝塞尔函数.

例如，当 $N = 10\,\text{Lp}/\text{mm}$ ， $a = 0.1\,\text{mm}$ 时， $M_{\text{TF}}(10) = \mathrm{J}_0(\pi) = 0.3$ .

### 3.3.7　像移

设曝光时间内总的移动量为 $a$ ，则线扩散函数

$$f(x) = \begin{cases} \dfrac{1}{a}, & -\dfrac{a}{2} \leqslant x \leqslant \dfrac{a}{2} \\ 0, & x > \dfrac{a}{2}, \ x < -\dfrac{a}{2} \end{cases} \tag{3.3.15}$$

与此相应的 MTF 便为

$$M_{\text{TF}}(N) = \frac{\sin \pi a N}{\pi a N} \tag{3.3.16}$$

设 $a = 0.05\ \text{mm}$，$N = 10\ \text{Lp/mm}$ 和 $5\ \text{Lp/mm}$，则

$$M_{\text{TF}}(10) = \frac{\sin 0.5\pi}{0.5\pi} = 0.64$$

$$M_{\text{TF}}(5) = \frac{\sin 0.25\pi}{0.25\pi} = 0.9$$

而 $N = 20\ \text{Lp/mm}$ 则为截止频率.

### 3.3.8　光学投影屏

光学投影屏可考虑光学的散射作用求出传递函数. 类似于大气抖动，求出 MTF 为

$$M_{\text{TF}}(N) = \exp\left(-2\pi^2 a^2 N^2\right) \tag{3.3.17}$$

其中 $a$ 可由实验求出. 例如，求得

$$M_{\text{TF}}(60) = 0.01$$

便可得出

$$M_{\text{TF}}(N) = \exp\left(-1.3 \times 10^{-3} N^2\right)$$

## 3.4　用 OTF 评价光学系统质量

光学系统的 OTF 值随像面位置、视场角、相对孔径、光的波长以及空间频率取向等参数而改变，因此，要全面了解被测系统的光学传递特性，就要对上列参数的不同组合进行 OTF 测量，这样的测量工作量很大.

例如，我们取表 3-3 所列的参数进行组合，有 630 种组合. 测量这么多条 OTF 曲线，不但要花费很多时间，而且也不易对光学系统的成像质量得出概括性的结论，因此，有必要提出各种以 OTF 为基础的单个质量评价指标.

**表 3-3　镜头指标参数采样值及其组合**

| 参数 | 采样值 | 点数 |
|---|---|---|
| 焦面位置 | 0，$\pm 0.05\ \text{mm}$，$\pm 0.1\ \text{mm}$，$\pm 0.15\ \text{mm}$ | 7 |
| 视场角 | $0°$，$5°$，$10°$，$15°$，$20°$ | 5 |
| 空间频率取向 | $0°$，$90°$ | 2 |
| 相对孔径 | $F/2$，$F/2.8$，$F/4$，$F/5.6$，$F/8$ | 5 |
| 色光 | d 光，白光 | 2 |
| 组合数 | | 630 |

例如，一种评价方法是用 MTF 对空间频率的积分，即 MTF 曲线下的面积作质量评价指标，这指标与中心点亮度相当；另一种评价方法是用 MTF 的平方值对空间频率的积分，这指标与能量集中度相当. 这两个指标用起来还太麻烦，因为它们不仅首先要确定各个频率的 MTF 值，还要对频率积分，所以无论是理论计算还是实验测量都不方便.

为此，提出了另两种方法：一种是基于 MTF 值不低于某一数值(比如 0.5)的最高空间频率，这就是所谓的低对比分辨能力判断法；另一种是基于某一特征频率处的 MTF 值. 后一种指标，无论对于计算或实验测量都比较方便，因此现在使用比较普遍. 特征频率的选取，主要根据目标和接收器的空间频率特征与被测系统的用途，例如，对用于摄像管的电视摄像镜头，有人取 12 Lp/mm 作为特征频率，这样只要测出单个频率处的 MTF 值就可以了.

下面介绍三种具体评价方法.

### 3.4.1　切线法

首先将视场按等面积分区，常分为四区. 如视场面积为 $A$，则第一圆的半径为

$$r_1 = \frac{1}{2}\sqrt{\frac{A}{\pi}} \tag{3.4.1}$$

其余区的半径 $r_2$、$r_3$、$r_4$ 可类似求得. 在每个区域中心处，测量弧矢和子午 MTF 值 $M_s$ 和 $M_t$，则取平均 MTF 值为

$$M_{\text{TFavg}} = \sum_1^4 \frac{\sqrt{M_s M_t}}{4} \tag{3.4.2}$$

$M_{\text{TFavg}}$ 对各种频率便可得出一条 MTF 曲线，这条曲线已经考虑了各个视场及子午和弧矢两个取向. 对于相对孔径可以取一个最主要、最常用的相对孔径来考虑，例如，对于最大相对孔径 $F/2$ 的照相物镜，可以用相对孔径 $F/2.8$ 的传递函数来评价. 对于多色光，则可以对几种单色光采取加权平均的方法来计算. 但是，如何来评价这一条 MTF 曲线呢？用单一的评价指标较好.

有一种方法就是所谓切线法. 取一条倾斜 45° 的直线与 MTF 曲线相切，如图 3-14 所示，这条直线与两坐标轴相交得出 MTF 值 $M_T$ 及规化频率 $S_T$，用下式求出评价指标 $M(S)$：

$$M(S) = M_T + S_T \tag{3.4.3}$$

以 $M(S)$ 值的大小来评价光学系统质量的优劣. 例如，要求照相物镜的 $M(S) \geqslant 1$，要求显微镜的 $M(S) \geqslant 2$ 等.

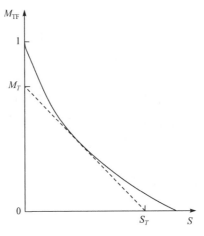

图 3-14　切线法像质评价示意图

### 3.4.2　低对比分辨能力法

低对比分辨能力这一指标是指低对比目标的分辨能力，它作为判断光学系统质量的指标，越高越好. 根据这一观点，很早以前在光学检验中，就用低对比检验卡进行低对比分辨能力的检验. 一般的分辨能力不是好的质量指标，这是由于一般所指的分辨能力是指对高对比度(如 1∶0)目标的分辨能力. 此时，由于目标是高对比度，于是只需很低的 MTF 值便能为接收器分辨. 而一般系统的 MTF 在高频处有所起伏，且此时的小量起伏已足以使截止频率发生变化，甚至出现伪分辨，同时还可以看到，即使系统的像差很大，对高对比度目标的分辨能力并无显著变化. 但当目标对比度较低(如 1∶0.8)时，截止频率是 MTF 值很大的频率，此时 MTF 值的小量起伏对截止频率毫无影响. 以此作为质量指标就是恰当的.

另外一个理由是，如图 3-15 所示，某一定 $M_{TF0}$ 值所定的频率 $S_0$ 确定了 MTF 曲线规定的一块长方形面积 $M_{TF0} \times S_0$. 由图 3-15 可知，当所选的 $M_{TF}$ 适当时，此面积就和总面积的大小相对应，于是就和中心点亮度或能量集中度相对应. 由此可见，低对比分辨能力可以作为光学系统方便而可靠的质量指标.

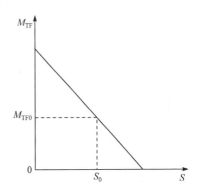

图 3-15　由 MTF 要求确定
分辨能力的示意图

物体对比度为 1∶0.81，接收器能接收的对比度为 1∶0.9，则此时所需要的 MTF 值为

$$\frac{1-0.9}{1+0.9} = M_{TF} \cdot \frac{1-0.81}{1+0.81}$$

$$M_{TF} = \frac{0.1}{1.9} \times \frac{1.81}{0.19} \approx 0.5$$

所以，我们可以用 $M_{TF} = 0.5$ 所对应的频率 $S$ 作为质量指标.

下面我们对于 MTF 值等于 0.5 时能得出的频率情况作一讨论，先导出有关式子. 对于(3.2.21)式略去高次项时，可简写成

$$O_{TF}(s,t) = \frac{1}{A} \iint_{A_{st}} e^{-ik\left(s\frac{\partial W}{\partial x} + t\frac{\partial W}{\partial y}\right)} dxdy \tag{3.4.4}$$

这个表示式给了一个有意义的概念，即函数

$$W_{st}(x,y) = W\left(x+\frac{s}{2}, y+\frac{t}{2}\right) - W\left(x-\frac{s}{2}, y-\frac{t}{2}\right) \tag{3.4.5}$$

其值不但因像差变小而变小，也因规化频率 $s$、$t$ 变小而变小. 我们还可以用平均波像差 $\overline{W_{st}}$ 来改写(3.2.21)式

$$O_{TF}(s,t) = \frac{e^{-ik\overline{W_{st}}}}{A} \iint_{A_{st}} e^{ik\left(\overline{W_{st}} - W_{st}\right)} dxdy \tag{3.4.6}$$

当 $\left|\overline{W_{st}} - W_{st}\right| < 1/k$ 时，用 $e^x = 1 + x + x^2/2! + x^3/3! + \cdots$ 的级数展开式，将上式展开，略去高次项可得

$$O_{TF}(s,t) = \frac{e^{-ik\overline{W_{st}}}}{A} \iint_{A_{st}} \left[1 - \frac{k^2}{2}\left(\overline{W_{st}} - W_{st}\right)^2\right] dxdy \tag{3.4.7}$$

$$O_{TF}(s,t) = \frac{A_{st}}{A} e^{-ik\overline{W_{st}}} \left[1 - \frac{k^2}{2} D(s,t)\right] \tag{3.4.8}$$

其中

$$D(s,t) = \frac{1}{A_{st}} \iint_{A_{st}} \left(\overline{W_{st}} - W_{st}\right)^2 dxdy \tag{3.4.9}$$

由于

$$\overline{W_{st}} = \frac{1}{A_{st}} \iint_{A_{st}} W_{st} dxdy \tag{3.4.10}$$

$$\overline{W_{st}^2} = \frac{1}{A_{st}} \iint_{A_{st}} W_{st}^2(x,y) dxdy \tag{3.4.11}$$

可得

$$D(s,t) = \frac{1}{A_{st}} \iint_{A_{st}} \left( \overline{W_{st}} - W_{st} \right)^2 \mathrm{d}x\mathrm{d}y$$

$$= \frac{1}{A_{st}} \iint_{A_{st}} \left( \overline{W_{st}}^2 - 2\overline{W_{st}} \cdot W_{st} + W_{st}^2 \right) \mathrm{d}x\mathrm{d}y \qquad (3.4.12)$$

$$= \overline{W_{st}}^2 - 2\overline{W_{st}}^2 + \overline{W^2_{st}}$$

$$= \overline{W^2_{st}} - \overline{W_{st}}^2$$

即方差 $D(s,t)$ 是波像差 $W_{st}$ 的平方平均值 $\left(\overline{W_{st}^2}\right)$ 与其平均值的平方 $\left(\overline{W_{st}}^2\right)$ 之差.

由(3.4.8)式可以看到，平均值 $\overline{W_{st}}$ 使相位发生变化，而方差 $D(s,t)$ 使 MTF 值发生变化. 积分域 $A_{st}$ 实际上是通光孔作 $\pm s / 2$、$\pm t / 2$ 的位移后的公共面积. 当 $s = 2$ 或 $t = 2$ 时，共同面积为 0，故此时的 OTF 值为 0.

通光孔是圆孔时，图形较复杂，讨论不易用数学明确表示，采用方孔时，讨论较简单. 下面以方孔作为通光孔进行讨论. 对于通光孔是方孔的情况，如图 3-16 所示，有

$$\frac{A_{st}}{A} = \frac{1}{4}(2-s)(2-t) = \left(1-\frac{s}{2}\right)\left(1-\frac{t}{2}\right) \qquad (3.4.13)$$

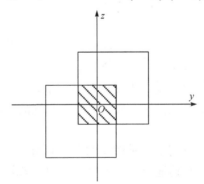

图 3-16　方形通光孔时的传递函数积分域示意图

当低对比分辨能力的要求是 MTF 值大于或等于 0.5 时，根据(3.4.8)式，不考虑相位变化，即要求

$$\left(1-\frac{s}{2}\right)\left(1-\frac{t}{2}\right)\left(1-\frac{k^2}{2}D\right) \geqslant \frac{1}{2} \qquad (3.4.14)$$

由(3.4.14)式得出的规化频率 $(s,t)$ 越大，则表示光学系统的质量越好. 理想光学系统的方差 $D$ 为 0，$(s,t)$ 的最大值就是 $(1,0)$ 或 $(0,1)$ 或 $(0.59,0.59)$. 四分之一波长判别对应于低对比分辨能力降低 30%～40%，可取 $(s,t)$ 为 $(0,0.6)$、$(0.6,0)$ 或

$(0.35,0.35)$. 照相镜头的质量要求较低, 可取 $(s,t)$ 为 $(0,0.1)$、$(0.1,0)$、$(0.06,0.06)$.

对于高质量系统, $t=0$、$s>0.6$,或 $s=0$、$t>0.6$,或 $s=t>0.35$, 则由 $(3.4.14)$ 式可求出方差 $D$ 的要求为

$$\left(1-\frac{0.6}{2}\right)\left(1-\frac{k^2}{2}D\right) \geqslant \frac{1}{2}$$

$$0.7\left(1-\frac{4\pi^2}{2\lambda^2}D\right) \geqslant \frac{1}{2}$$

$$D(0.6,0) < \frac{\lambda^2}{69}$$

类似地, 对于低质量系统, 则要求

$$D(0.1,0) < \frac{\lambda^2}{40}$$

这里我们不管是对大像差还是小像差系统, 都用了前述的判断公式. 这是因为这类判断公式要求的条件不是像差很小, 而是

$$\left|W_{st}-\overline{W_{st}}\right| \leqslant \frac{1}{k} = \frac{\lambda}{2\pi} \tag{3.4.15}$$

当要求的频率低时, 虽然像差较大, 也能满足这一要求. 同时我们还可以看到, 不论是高质量系统, 还是低质量系统, 它们的方差公差 $D$ 有相接近的值, 一个是 $\lambda^2/69$, 一个是 $\lambda^2/40$. 这主要是因为高质量系统考虑的是高频, 而低质量系统考虑的是低频. 因而低频虽和高质量系统有相同的方差要求, 但其像差的要求是较低的.

由上面的讨论可知, 只需把各种像差的方差 $D$ 算出来, 便可以知道质量情况了. 将上面所说方法一步步地通过积分的办法求出方差是很麻烦的, 但将像差表示成正交多项式, 方差 $D$ 便是多项式的各项系数的平方和, 计算比较方便.

综上所述, 评价光学系统质量的步骤是:根据低对比目标的要求, 定出所需要的系统 MTF 值;根据 MTF 值来看某一光学系统能对应的空间频率 $(s,t)$ 的高低, 得出该系统质量的好坏. 反过来, 也可用这一频率的要求来确定光学系统应有的像差要求.

### 3.4.3 特征频率法

根据成像系统的使用要求, 确定某一具有代表性的频率——特征频率 $s_0$, 讨论在这一特征频率 $s_0$ 下的 MTF 值要大于或等于所要求的 MTF 值 $M_{TF0}$. 这一评价方法与上面的低对比分辨能力法的指标正好相反, 低对比分辨能力法的内容是

由低对比的要求出发, 定出合适的 MTF 值, 再来看此时所能达到的频率要大于某一要求的值. 现在是根据某一频率的要求, 来看此时所能达到的 MTF 值要大于某一要求的值.

特征频率法可以具体概括为两个指标: 一是根据使用要求的分辨率或清晰度, 确定系统的特征频率 $s_0$; 二是根据对光学像的对比、层次要求, 确定在该频率下的 $M_{\mathrm{TF0}}$ 值. 确定了所需的 $M_{\mathrm{TF0}}$ 值后, 再由(3.4.8)式得出光学系统的方差要求, 即

$$D(s,t) \leqslant \left[1 - \frac{A}{A_{st}} \cdot M_{\mathrm{TF0}}\right] \frac{2}{k^2} \approx \frac{\lambda^2}{20}\left[1 - \frac{A}{A_{st}} \cdot M_{\mathrm{TF0}}\right] \tag{3.4.16}$$

## 3.5　典型光学系统质量评价

下面举几种典型的光学系统, 用特征频率法, 讨论 $s_0$ 的选取、$M_{\mathrm{TF0}}$ 的确定, 并由此得出方差 $D(s_0, t_0)$ 的要求.

### 3.5.1　显微镜系统

首先, 根据使用的分辨率要求, 确定评价显微镜系统的特征频率. 例如, 使用者提出分辨 2 μm 细节的要求时, 特征频率可取为

$$N_0 = \frac{1}{2\,\mu m} = 500\,\mathrm{Lp/mm}$$

其次, 确定在这种频率下的 MTF 值. 由于显微镜是由人眼观察的, 故必须

$$M_{\mathrm{obj}} \times M_{\mathrm{TFopt}} \geqslant M_e \tag{3.5.1}$$

在特征频率下, 只要求分辨显微镜成的像, 不要求有丰富的层次. 物体目标的照明较好, 对比较高, 可取物体的调制度在 0.5~1 之间, 则要求光学系统的 MTF 值满足

$$M_{\mathrm{TFopt}} \geqslant \frac{0.026}{0.5\text{~}1} = 0.026\text{~}0.052 \tag{3.5.2}$$

当 MTF 值很小时, 其对应的频率与光学系统 MTF 曲线的截止频率很接近. 于是对显微镜而言, 要求 MTF 曲线的截止频率大于特征频率.

下面再考虑显微镜头的像差要求. 这里必须引用方差公式(3.4.16), 其中 $A_{st}/A$ 是无像差系统的 MTF 值, 表 3-4 列出了圆形光瞳理想光学系统的 MTF 值, 即 $A_{st}/A$.

**表 3-4 圆形光瞳理想光学系统的 MTF 值**

| $S$ | $A_{st}/A$ | $S$ | $A_{st}/A$ | $S$ | $A_{st}/A$ |
|------|------|------|------|------|------|
| 0.00 | 1.00 | 0.70 | 0.56 | 1.40 | 0.19 |
| 0.05 | 0.97 | 0.75 | 0.53 | 1.45 | 0.17 |
| 0.10 | 0.94 | 0.80 | 0.50 | 1.50 | 0.14 |
| 0.15 | 0.90 | 0.85 | 0.48 | 1.55 | 0.12 |
| 0.20 | 0.87 | 0.90 | 0.45 | 1.60 | 0.10 |
| 0.25 | 0.84 | 0.95 | 0.42 | 1.65 | 0.08 |
| 0.30 | 0.81 | 1.00 | 0.39 | 1.70 | 0.07 |
| 0.35 | 0.78 | 1.05 | 0.36 | 1.75 | 0.05 |
| 0.40 | 0.75 | 1.10 | 0.34 | 1.80 | 0.04 |
| 0.45 | 0.72 | 1.15 | 0.31 | 1.85 | 0.02 |
| 0.50 | 0.69 | 1.20 | 0.28 | 1.90 | 0.01 |
| 0.55 | 0.95 | 1.25 | 0.26 | 1.95 | 0.00 |
| 0.60 | 0.62 | 1.30 | 0.24 | 2.00 | 0.00 |
| 0.65 | 0.59 | 1.35 | 0.21 | | |

选取显微镜头的数值孔径为 $n\sin U = 0.22$，考虑波长 $=0.55\,\mu\mathrm{m}$，则由(3.1.3)式有

$$S = \frac{\lambda}{n\sin U}N_s = \frac{0.55\times10^{-3}}{0.22}N_s$$

得 $N_s = 400S$．

$S = 2$ 时，$N_s = 800\,\mathrm{Lp/mm}$．现要求 $N_0 = 500\,\mathrm{Lp/mm}$，对应的归一化频率 $S_0 = 1.25$．由表 3-4 查得，$A_{st}/A = 0.26$，代入(3.4.16)式，得

$$D(1.25,0) = \frac{\lambda^2}{20}\left[1 - \frac{1}{0.26}\times(0.026\sim0.052)\right]$$

$$\approx \frac{\lambda^2}{22} \sim \frac{\lambda^2}{25}$$

若选取显微镜的数值口径 $n\sin U = 0.165$，则当 $S = 2$ 时，$M_s = 600\,\mathrm{Lp/mm}$，$N_0 = 500\,\mathrm{Lp/mm}$ 相应的 $S_0 = 1.67$，由表 3-4 查得，$A_{st}/A \approx 0.08$，代入(3.4.16)式得

$$D(1.67,0) = \frac{\lambda^2}{20}\left[1 - \frac{1}{0.08}\times(0.026\sim0.052)\right]$$

$$\approx \frac{\lambda^2}{30} \sim \frac{\lambda^2}{57}$$

可见，显微物镜的数值孔径选得较大时，方差 $D$ 的要求可低些，选得较小时，方差 $D$ 的要求应该高一些. 这也是很好理解的，数值孔径大时，截止频率高，实际要求的频率相对截止频率而言数值便小，在相同情况下，此时可以有较大的传递函数.

### 3.5.2　光刻微缩系统

与一般的显微物镜不同，光刻缩微物镜要求在基片上成清晰的像，且轮廓边缘平整. 这种镜头的成像质量从一般的瑞利判据出发，要求轴外和轴上都有 $\lambda/8 \sim \lambda/4$ 的波像差. 用 OTF 评价时，除 MTF 外，还有对 PTF 的要求.

首先确定特征频率，如要求照出最细的线条宽度为 $\Delta$，则要求分辨的线对数为

$$N = \frac{1}{2\Delta} \tag{3.5.3}$$

根据理想系统 MTF 值的计算，$S = 1$ 时，MTF 值等于 0.39；$S = 0.8$ 时，MTF 值等于 0.50. 在这种系统中，要求 MTF 值大于或等于 0.4 即可认为是可以的，有像差时 MTF 值会有所降低，所以取 $S = 0.8$，MTF 值等于 0.50 为评价指标. 而对像差，允许 MTF 值降低到 0.4，此时的波像差方差有

$$D(1.67, 0) = \frac{\lambda^2}{20}\left[1 - \frac{1}{0.5} \times 0.4\right] = \frac{\lambda^2}{100}$$

例如，当要求刻线宽度为 $1.25\,\mu\mathrm{m}$ 时，相当于要求 $N = 400\,\mathrm{Lp/mm}$，截止频率 $N_s$ 便应为

$$N_s = \frac{400}{0.8} \times 2 = 1000 (\mathrm{Lp/mm})$$

使用波长为 $0.5\,\mu\mathrm{m}$ 时，需要的数值孔径可由 (3.1.4) 式求出

$$NA = \frac{N_s \cdot \lambda}{2} = \frac{1000 \times 0.5 \times 10^{-3}}{2} = 0.25$$

此时，波像差方差要求即为 $D(0.8, 0) = \lambda^2/100$.

如果数值孔径增大，而保持 MTF 值等于 0.4 的要求，则 $D$ 的要求可以放宽. 例如，取 $NA = 0.3$，则

$$N_s = \frac{2 \times 0.3}{0.5 \times 10^{-3}} = 1200 (\mathrm{Lp/mm})$$

对于 $S$ 的要求便为

$$S = \frac{400}{1200} \times 2 = 0.67$$

于是

$$D(0.67,0) = \frac{\lambda^2}{20}\left[1 - \frac{1}{0.59} \times 0.4\right] \approx \frac{\lambda^2}{62}$$

当然，数值孔径增大，焦深会变小，使用是不方便的. PTF 则要使刻线的位置有相对移动，一般情况下相位差为 30°，即差 $\pi/6$ 还是可以的.

### 3.5.3　电视摄像物镜

电视摄像物镜的特征频率取决于两个因素：一是电视系统垂直方向的有效扫描行数；一是水平方向的有效像素.

若电视系统采用的标准是 625 行/幅，则其中 50 行是消隐的，实际有效成像行数为 575 行/幅. 此外，还要考虑到有效的分解系数，通常得到的实际有效行数为

$$Z_1 = 320 \sim 440 \text{ 行}/\text{幅}$$

对于 $1\frac{1}{4}$ in 电视摄像管，高度方向尺寸为 12.8 mm，于是相当于垂直方向能分辨的线对数

$$N = 12.5 \sim 17.1 \text{Lp}/\text{mm}$$

对于 1 in 的电视摄像管，高度方向尺寸为 9.6 mm，相当于垂直方向能分辨的线对数为

$$N_2 = 16.7 \sim 22.9 \text{Lp}/\text{mm}$$

在实际计算中，我国对 1 in 电视摄像系统选取 $N = 15 \text{Lp}/\text{mm}$，对 $1\frac{1}{4}$ in 系统选取 $N = 12 \text{LP/mm}$.

电视系统水平扫描的有效像元数受电视发射的频带宽度限制. 为了使运动有连续感，电视每秒运行 30 幅，每幅 625 行，因此每行的扫描时间为 $t = (1/30) \times 625 = 53\,\mu\text{s}$，其中回扫时间为 20%，所以实际的每行有效扫描时间为 40 μs 左右.

我国黑白电视的频宽为 6.5 MHz，彩色电视的频宽为 8~10 MHz，其中有 1.5~3 MHz 为彩色所用，实际折合黑白电视也是 6.5 MHz 左右. 这样扫描一条所能分辨的最多周期数(或像元数)为

$$Z_2 = 40 \times 10^{-6} \times 6.5 \times 10^6 = 260$$

画幅宽度是 17 mm，因此在水平方向的分辨线对数为

$$N = \frac{260}{17} \approx 15.3(\text{Lp}/\text{mm})$$

从电视摄像管本身的特性来看，它的分辨极限为 12～25 Lp/mm，一般能做到 10 Lp/mm.

从以上三个方面的考虑对 1 in 电视系统选特征频率 15 Lp/mm，对 $1\frac{1}{4}$ in 电视系统选择特征频率 12 Lp/mm 是合理的.

现在确定电视光学系统需要的 MTF 值. 由于电视最后是为人眼所观察的，所以整个成像系统必须满足

$$M_{\text{obj}} \times M_{\text{TFopt}} \times M_{\text{TFelect}} \geqslant M_{\text{e}} = 0.026 \tag{3.5.4}$$

$M_{\text{TFelect}}$ 包括摄像管到荧光屏显示的全过程，在 $N = 15 \, \text{Lp/mm}$ 时，通常只有 0.2～0.4，但经过孔阑校正，可有所提高，现取 0.6 左右. 设要求分辨的物体亮度差别为 20%，即物体的调制度为

$$M_{\text{obj}} = \frac{1-0.8}{1+0.8} \approx 0.11$$

这样，光学系统的 MTF 要求为

$$M_{\text{TFopt}} \geqslant \frac{0.026}{0.11 \times 0.6} \approx 0.4$$

最后，电视物镜的质量指标可归结为

$$N = 15 \, \text{Lp/mm时，MTF值大于等于} 0.4$$

对于轴上点可要求高一些，画幅四角可低一些.

仍可沿用上述方法来求出方差 $D$ 的允许值. 以相对孔径 $F/2$ 的电视摄像物镜为例，当 $N = 15 \, \text{Lp/mm}$ 时，对应的规化频率为

$$S_0 = \frac{\lambda}{NA} N_s = \frac{0.55 \times 10^{-3}}{0.25} \times 15 = 0.033$$

对应的 $A_{st}/A = 0.98$，故可求出方差 $D$ 为

$$D(0.33, 0) = \frac{\lambda^2}{20}\left[1 - \frac{1}{0.98} \times 0.4\right] \approx \frac{\lambda^2}{34}$$

### 3.5.4　电影摄影物镜

电影摄影物镜质量要求中的清晰度是对细节的分辨能力，即通常讲的目标细节的成像虚实程度，它是决定特征频率的主要因素. 摄影要求的层次是决定调制度数值的主要因素.

从电影摄影清晰度的要求，选择特征频率 $N_0 = 50 \, \text{Lp/mm}$. 电影制片厂验收镜头时，一般以这个频率的鉴别率板拍摄情况作标准，我们也采用这一分辨率作为特征频率. 这也与电影底片的特性相符合，电影底片的截止频率一般在 70～

100 Lp/mm，取分辨率 50 Lp/mm，相当于电影底片截止频率的 60%左右. 这也与电视摄像管的截止频率为 25 Lp/mm，而取特征频率 15 Lp/mm 的情况相当.

电影最后也是为人眼所观察接收的，所以电影镜头的 MTF 值可由下式求得：

$$M_{\text{obj}} \times M_{\text{TFopt}} \times M_{\text{film}} \geqslant M_{\text{e}} = 0.026 \qquad (3.5.5)$$

在 $N_0 = 50\,\text{Lp}/\text{mm}$ 时，底片的调制度值 $M_{\text{film}} = 0.2\sim0.4$，包括显影、定影处理在内. 目标用 21 级灰板，最大密度 $D = 3$，每级密度差 0.15，如第一级密度 $D = 3$，第二级密度为 $D = 2.85$，按透过率计算目标的调制度为

$$M_{\text{obj}} = \frac{10^3 - 10^{2.85}}{10^3 + 10^{2.85}} = \frac{292}{1708} \approx 0.17$$

所以

$$M_{\text{TFopt}} \geqslant \frac{M_{\text{e}}}{M_{\text{obj}} \times M_{\text{film}}} = \frac{0.026}{0.17 \times (0.2\sim0.4)} \approx 0.76\sim0.38$$

通常取在特征频率等于 50 Lp/mm 时，要求电影物镜的 MTF 值 $M_{\text{TFopt}} \geqslant 0.5$ 作为电影摄影物镜的评价指标，画幅中心部分可以要求高一些，画幅四角可以低一些，但不能太悬殊.

方差 $D(s,t)$ 的要求可以类似地求出. 以相对孔径 $F/3.5$ 的摄影镜头为例，相应的规化频率为

$$S_0 = \frac{0.55 \times 10^{-3}}{0.14} \times 50 \approx 0.2$$

$$\frac{A_{st}}{A} = 0.87$$

方差 $D$ 的要求为

$$D(0.2,0) = \frac{\lambda^2}{20}\left[1 - \frac{1}{0.87} \times 0.5\right] \approx \frac{\lambda^2}{47}$$

### 3.5.5 制版镜头

在制版照相中，沿用一种 100~200 Lp/in 的检验卡来检查成像质量，这相当于 4~8 Lp/mm. 分色照相中的网点尺寸通常是 $\phi0.06\,\text{mm} \sim \phi0.12\,\text{mm}$，这与检查卡的分辨线数是相对应的，因此，我们选择制版过程的特征频率 $N_0 = 8\,\text{Lp}/\text{mm}$ 来评价制版镜头.

制版要求线条轮廓清晰，分色网点尺寸不变，这与光刻微缩镜头的要求相同，所以可以确定此类镜头的 MTF 值大于 0.4 作为评价指标.

对于相对孔径为 $F/9$ 的制版镜头，有

$$S_0 = \frac{\lambda}{n\sin U} N_0 = \frac{0.55 \times 10^{-3}}{0.055} \times 8 = 0.08$$

$$\frac{A_{st}}{A} = 0.95$$

$$D(0.08, 0) = \frac{\lambda^2}{20}\left[1 - \frac{1}{0.95} \times 0.4\right] \approx \frac{\lambda^2}{34}$$

对于相对孔径 $F/16$ 的制版镜头，有

$$S_0 = \frac{\lambda}{n\sin U} N_0 = \frac{0.55 \times 10^{-3}}{0.03} \times 8 \approx 0.147$$

$$\frac{A_{st}}{A} = 0.9$$

$$D(0.144, 0) = \frac{\lambda^2}{20}\left[1 - \frac{1}{0.9} \times 0.4\right] = \frac{\lambda^2}{36}$$

孔径小的物镜像差要求高，这是很自然的. 但由于 $A_{st}/A$ 相差不多，要求的方差也相差不多.

### 3.5.6 望远镜系统

望远镜系统属于小像差系统，考虑的方法与显微镜类似. 望远镜系统也是为人眼所观察接收的，所以特征频率接近截止频率. 望远镜的口径要选得足够大，以保证望远镜系统的理想角分辨能力大于需要的角分辨能力.

例如，要求分辨的角度为 $1''$，则望远物镜的最小通光口径 $D_{\min}$ 由下式决定：

$$\frac{140''}{D_{\min}} \leqslant 1''$$

$$D_{\min} \geqslant 140\ \text{mm}$$

当选择口径 $D = 180\ \text{mm}$ 时，相当于选取规化频率为

$$\frac{140}{180} \times 2 \approx 1.56$$

此时的像差方差 $D$ 要求为

$$D(1.5, 0) = \frac{\lambda^2}{20}\left[1 - \frac{1}{0.12} \times 0.026\right] \approx \frac{\lambda^2}{26}$$

当选择口径 $D = 155\ \text{mm}$ 时，相当于选取规化频率为

$$\frac{140}{155} \times 2 \approx 1.81$$

此时的像差方差 $D$ 的要求为

$$D(1.8,0) = \frac{\lambda^2}{20}\left[1 - \frac{1}{0.04} \times 0.026\right] \approx \frac{\lambda^2}{57}$$

同样，口径小时，方差 $D$ 的要求严，这与显微物镜中数值孔径取小的意思是一样的. 这种考虑是对于高对比目标而讲的，对于低对比目标，则需有另外的计算.

例如，物体对比度为 $1 : 0.8$，其调制度为 $M_{obj} = 0.11$，不计其余环节的 MTF 值时，对光学系统 MTF 值的要求即为 $0.026/0.11 \approx 0.24$，此时光学系统的口径需取得大才行. 如上例，此时口径取 180 mm，相当于 $S \approx 1.56$，$A_{st}/A = 0.12$，这样要求方差 $D$ 为负值. 这是不可能的，也就是说，口径 180 mm 还太小. 若口径取 280 mm，相当于 $S = 1$，$A_{st}/A = 0.39$，此时方差 $D$ 的要求为

$$D(1.8,0) = \frac{\lambda^2}{20}\left[1 - \frac{1}{0.39} \times 0.25\right] \approx \frac{\lambda^2}{56}$$

以上我们用特征频率法着重地讨论了光学系统的传递函数指标，实际上对成像过程的各个环节几乎都是可以应用的.

# 参 考 文 献

大头仁. 1978. 眼球光学. 云光技术, (5): 9-39.
蒋筑英. 1977. 介绍一个比较实用的 MTF 计算程序-Spot-OTF. 光学机械, (6): 12-17.
李剑白. 1978. 像质评价中的光学传递函数方法(讲义). 武汉: 武汉测绘学院.
王之江. 1965. 光学设计理论基础. 北京: 科学出版社.
薛鸣球. 1973. 电影摄影物镜光学传递函数的质量指标. 电影光学, (4): 29-34.
Driscoll W G.1978. Handbook of Optics. New York: McGraw-Hill.
Smith W J. 1966. Modern Optical Engineering. New York: McGraw-Hill.

# 第 4 章　星体测量相机

## 4.1　绪　　言

星体测量相机通常是在夜间对恒星和其他运动物体进行连续或多次曝光摄影的光学测量设备，一般是固定式的，而不是跟踪式的.

这种相机在底片上有两种目标的像，一种是作定位用的恒星像，另一种是待测飞行目标的像. 相机固定在地球上不动，但是地球有自转速度，所以恒星在底片上的像也是一个小的线段，而不是一个圆点. 飞行目标则是一个长线段. 同时在这类相机中还使用一个旋转快门，作间歇的摄影曝光，这样每一线段又分成许多小线段. 由于地球转速相对于飞行目标来说是较慢的，所以往往看不出恒星所成的小线段的像中间又分出的许多小线段. 因此这类星体测量相机拍摄出的照片一般如图 4-1 所示. 图中 A 为每颗恒星在照片上划出的图像，B 则为待测飞行目标在照片上间隙摄影划出的图像.

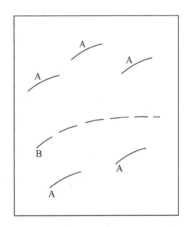

图 4-1　星体测量相机照片示意图

这种摄影测量系统要求有大视场，以能够照下较多的恒星，还要有高的测量精度. 同时要求系统对能量的传递有好的对比，要能传递较大的信息量，但是这些要求往往是矛盾的. 例如，要测量的角度精度高，则要求光学系统的焦距长. 当底片尺寸固定后，增大焦距，便要减小视场角，因此便减少了能拍摄恒星的数目及待测飞行目标的覆盖区，这样精度又会有所降低. 若为了补偿因视场角小，能拍摄恒星数目减少的缺点而增加口径，以求能拍摄更暗的星等，以增加拍摄恒星数，则光学系统的口径又将增大，而随之仪器又将更笨重，价格更高.

所以这便要求在各种需要与可能之间作合适的选择，对这类仪器，在光学方面往往着重考虑下列四方面的问题.

问题 1：要保证被测目标的可探测性，即要求目标通过光学系统在底板上成的像有一定的曝光量和对比度.

问题 2：保证达到相机预定的精度，即要求目标通过光学系统在底板上成像后，光斑大小适当、能量集中的对称像点和足够多的恒星数目.

问题 3：为保证仪器正常工作，要求考虑外界条件，如大气抖动、温度变化等，对光学参数及成像的影响.

问题 4：要考虑加工的可能性和生产的经济性等.

下面首先对目标和背景的光度特性以及传输通道中各个环节的传递特性加以分析，讨论光学信息在底片上的可探测性，作为选择星体测量相机光学参数的根据；然后对此类光学系统的质量指标加以进一步的讨论.

## 4.2　传输通道中各环节的传递特性

星体测量相机的传输通道包括目标、背景、大气、光学系统和照相底板等各个环节，下面逐一进行分析和讨论.

### 4.2.1　目标和背景的光度特性

由于目标和背景的发光强度、辐射形式、光谱特性等差别较大，为了对叠加在背景上的目标进行探测，需要研究它们的光度特性.

#### 1. 恒星到地面上的照度

恒星到地面上的照度 $E_m$ 通常可按下式计算：

$$E_m = 2.43 e^{-0.92(m+\tau \sec Z)} \times 10^{-6} \, (\text{lx}) \tag{4.2.1}$$

式中 $m$ 为星等，$\tau$ 为大气质量，$Z$ 为天顶距. 一般认为，当大气的水平能见度为 50 km 时，大气质量 $\tau$ 取 0.25；水平能见度为 20 km 时，$\tau$ 取 0.5. 对于晴朗的好天气，一般可取 $\tau = 0.25$ 进行计算.

例如，对于 6 等星，天顶距为 60°，天气晴朗时，恒星到地面上的照度为

$$E_m = 2.43 e^{-0.92 \times (6+0.25 \times 2)} \times 10^{-6} \approx 6.1 \times 10^{-9} \, (\text{lx})$$

#### 2. 运动物体的发光强度

为了确定空间运动物体的轨迹，在照相底板上，除拍摄供相机定向用的恒星外，还需记录自身发光(带光源)或反射太阳光的运动物体影像. 其中自发光目标带的光源又包括连续发光光源及闪频发光光源两种，记录这两种发光目标与拍摄恒星的情况不同. 对闪频发光光源，因其闪光的发光时间非常短促，约 0.2～0.3 ms，所以运动物体的角速度影响可以忽视不计. 而带连续发光光源的目标，其角速度影响则不可忽视.

假设要求运动目标在照相底板上具有与被拍摄的恒星同样的曝光量和像点尺

寸, 就可根据发光物体所对应的星等照度和作用距离, 由下面的(4.2.2)和(4.2.3)式求出目标光源所需的发光强度 $I$.

对于连续发光光源, 有

$$I = \frac{\omega}{\omega_0} R^2 E_m \tag{4.2.2}$$

式中 $\omega$ 为运动物体的角速度, $\omega_0$ 为地球自转的角速度, $E_m$ 为对应的星等照度, $R$ 为以米(m)为单位的作用距离. $\omega/\omega_0$ 则是修正因子, 因为运动物体有角速度, 所以成像时能量要扩散, 是一个方向的线扩散. 发光强度 $I$ 的单位则为坎德拉(cd).

对于闪频发光光源, 有

$$I = \frac{t_{\text{star}}}{t_{\text{pulse}}} R^2 E_m \tag{4.2.3}$$

式中 $t_{\text{star}}$ 为恒星曝光时间, $t_{\text{pulse}}$ 为闪频光源闪光的发光时间. 由于恒星的曝光时间长, 于是要求相应的闪频光源能量多, 所以有 $t_{\text{star}}/t_{\text{pulse}}$ 这一修正因子. 另外, 恒星曝光时间长, 线度也有所扩大, 能量也有所分散, 所以这些计算也还是近似的.

例如, 有人造卫星飞行高度为 500 km, 其角速度为 0.01 rad/s, 要求它具有相当于 6 等星的亮度, 则要求人造卫星反射太阳光后的发光强度为

$$I_{\text{sat}} = \frac{0.01\text{rad}/\text{s}}{\dfrac{2\pi\text{rad}}{24 \times 60 \times 60\text{s}}} \times \left(500 \times 1000\,\text{m}\right)^2 \times 6.1 \times 10^{-9}\text{lx}$$

$$\approx 2.1 \times 10^5 \text{cd}$$

若目标为闪频发光光源, 且其闪光的发光时间为 $t_{\text{pulse}} = 0.2\,\text{ms}$, 要得到与 6 等星曝光时间为 1 s 时同样的像面照度, 则闪频发光光源的发光强度需为

$$I_{\text{pulse}} = \frac{1\,\text{s}}{0.2\,\text{ms}} \times \left(500 \times 1000\text{m}\right)^2 \times 6.1 \times 10^{-9}\text{lx}$$

$$\approx 7.6 \times 10^6 \text{cd}$$

### 3. 背景亮度

星体测量相机在夜间工作, 以夜天空为背景, 来自大气中的星光和月光的散射光使得长时间曝光后在相机底板上形成一定的光密度, 造成背景噪声. 因为星体测量相机工作过程中, 背景感光时间较长, 一般是目标感光时间的 $10^2 \sim 10^4$ 倍, 所以影响较大. 夜天空背景的亮度来源很多, 除月光、星光外, 还有黄道光、极光、城市光等. 而且, 背景亮度与拍摄时间、月相、观测方向、地面光照、气象条件等很多因素有关. 综合文献报道的一些资料, 将典型夜天空亮度列于表 4-1.

**表 4-1　典型夜天空亮度**

| 天空情况 | 观察方向与月亮之间夹角 | 亮度/sb |
|---|---|---|
| 满月 | 60° | $5 \times 10^{-7}$ |
| 满月 | 120° | $10^{-7}$ |
| 半满月 | 60° | $10^{-7}$ |
| 半满月 | 120° | $5 \times 10^{-8}$ |
| 1/4 满月 | 任意 | $5 \times 10^{-8}$ |
| 有星无月 | 任意 | $2 \times 10^{-8}$ |

作为一个计算例子, 计算以半满月在 60°方向观察时背景光的影响. 根据表 4-1 所列情况, 此时的背景亮度为 $10^{-7}$ sb, 若光学系统的相对孔径为 $F/2$, 不考虑系统吸收损失, 则在像面上的照度为

$$\frac{\pi \times 10^{-7} \times 10^4}{4 \times 2^2} \approx 2 \times 10^{-4} (\text{lx})$$

根据前面的计算, 6 等星在地面上的照度为 $6.1 \times 10^{-9}$ lx, 考虑光学系统入瞳直径为 100 mm, 像点尺寸为 0.05 mm, 则 6 等星在像面上的照度为

$$6.1 \times 10^{-9} \times \left(\frac{100}{0.05}\right)^2 \approx 2.4 \times 10^{-2} (\text{lx})$$

表面上看来, 目标在像面上形成的照度和背景在像面上形成的照度差两个数量级, 实际上, 由于背景的曝光时间比目标的曝光时间长两个数量级, 因此两者在底板上记录的结果有相同的黑度. 这是需要采取诸如使用合适的滤光片、降低背景曝光时间、增加目标亮度等措施来解决的.

#### 4.2.2　大气传输条件

围绕地球外面的是一层近 300 km 的大气层, 离地面越高, 空气越稀薄, 无论处于大气之中或大气以外的目标, 在光信息传递过程中都要受到大气影响, 使光能衰减和扩散. 在分析光学信息传递过程中, 我们关心的主要是大气透过系数和大气抖动这两个因素.

1. 大气透过系数

光能量在大气中的损失, 是空气中含有大量的气体分子、尘埃、水滴等散射和多原子气体分子选择性吸收的结果. 当我们透过大气来观察目标时, 其衰减程度可用透过系数 $\rho$ 来表示, 其数量关系如下:

$$\rho = \mathrm{e}^{-\tau \sec Z} \tag{4.2.4}$$

式中 $Z$ 为天顶距；$\tau$ 表示大气质量，可由下式求得：

$$\tau = \int_0^\infty \beta(h)\mathrm{d}h \tag{4.2.5}$$

其中 $\beta$ 是与散射和吸收有关的高度函数.

实际大气的透过系数随波长不同有很大的差别，对于波长范围为 $0.5 \sim 0.7\ \mu\mathrm{m}$ 的可见光，平均大气透过系数如表 4-2 所示. 表中 $\tau = 0.25$、$\tau = 0.5$ 分别代表水平能见度 50 km、20 km 时的情况.

表 4-2　典型大气可见光平均透过系数

| $\tau$ ＼ $\rho$ ＼ $Z$ | 0° | 30° | 45° | 60° | 75° |
|---|---|---|---|---|---|
| 0.25 | 0.73 | 0.75 | 0.70 | 0.61 | 0.38 |
| 0.50 | 0.61 | 0.56 | 0.49 | 0.37 | 0.15 |

### 2. 大气抖动

大气抖动破坏光学系统像点的质量，它使像点的弥散直径加大，从而降低像点的照度和对比度. 通常，大气抖动造成的像点中心角扩散可用下式来表示：

$$\delta_{\mathrm{atm}} = \frac{K \sec Z}{\sqrt{D}} \tag{4.2.6}$$

式中 $Z$ 为天顶距；$D$ 为光学系统通光孔径(以 cm 为单位)；$K$ 为大气抖动的角值系数，单位为 $\mathrm{arcsec} \cdot \mathrm{cm}^{1/2}$. 恶劣天气下 $K$ 取 3.2 $\mathrm{arcsec} \cdot \mathrm{cm}^{1/2}$，较好天气下取 1.6 $\mathrm{arcsec} \cdot \mathrm{cm}^{1/2}$，非常好的天气下取 0.56 $\mathrm{arcsec} \cdot \mathrm{cm}^{1/2}$. 此式是经验性质的，也不一定完全准确，表明大气抖动对像点质量的影响，与摄影方向和摄影系统口径有关. 通过大气层的厚度越大和摄影系统的口径越大时，影响越大.

例如，天顶距 $Z = 60°$，光学系统通光口径为 100 mm，$K$ 取 2 $\mathrm{arcsec} \cdot \mathrm{cm}^{1/2}$ 时，由(4.2.6)式可求出 $\delta = 1.3''$，与这种口径的理想分辨本领 $140'' / 100\ \mathrm{mm} = 1.4''$ 接近，影响已经是比较大的了.

### 4.2.3　光学系统对信息传递的影响

光学系统是一个低通滤波器，它限制了高频信息. 但是在星体测量照相系统中，主要限制高频信息的是摄影底片，当然，在大相对孔径及较大焦距的光学系统中，由于有不易校正得完善的像差，它们对最后的摄影质量的影响也是很大的.

在光学系统成像过程中，温度变化引起的像面离焦以及快门的曝光效率、振动等，都会造成能量衰减扩散，也需加以考虑. 在进行总体方案考虑时，应尽量选择高效率的快门，最好能控制由温度变化而造成的像面离焦.

星体测量相机用于测量飞行目标的动态坐标位置，所以要注意光学系统的非对称像差，如彗差，因为它会使像点中心位置发生偏移，给测量带来误差. 这种像差的影响，在 OTF 中的反映便是存在 PTF.

对于其他因素，如加工和装校带来的楔形效应，也应充分注意它们对光学信息传递造成的不利影响.

### 4.2.4 照相底板特性的考虑

星体测量相机所探测的对象是暗的恒星和高速运动的物体，它们的光能量本来就不是很大，发出的光信息再经大气和仪器衰减后，传输到照相底板上的光能量是很弱的. 同时，恒星之间的亮度差别较大，2 等星和 7 等星能相差上百倍，为了使底板能对较多的星等拍摄有较合适的光密度，以便能拍摄较多的恒星，使用高感光度、高反差底板是有好处的. 高感光度使得底板能够接收到弱的光信息，高反差能容纳较宽的光能量，且易有好的对比. 当然，此时的底板分辨能力也不能太差. 又由于恒星的光谱范围很宽，亮于 6 等星的恒星的光谱成分偏蓝色，而目标又往往以偏红的居多，故选用全色感光板较好.

## 4.3 光学信息的可探测性

从上述各节传递特性的简单分析来看，光学信息经各环节传递将使像点扩散、目标和背景之间的对比下降. 所以，光学信息传递问题的关键在于照相底板上的像点变化多大还能满足测量精度要求、对比降低到什么程度还认为是可以探测的. 下面对像点大小情况和对比变化情况进行估算.

### 4.3.1 运动物体角速度产生的像移量

运动物体角速度，这里指的是相对于摄影仪器来讲的角速度，通常有两种情况：一种是目标不动，如恒星，但摄影仪器在地球上，而地球本身有一定的自转速度；另一种是目标本身按一定的速度运动，它相对于摄影仪器的角速度与目标的线速度和作用距离有关.

运动目标由于角速度产生的像移可按下式来计算：

$$d_{\text{rot}} = f\omega_0 t \tag{4.3.1}$$

式中 $f$ 为焦距，$\omega_0$ 为目标相对于仪器的角速度，$t$ 为曝光时间.

对于恒星来说，$\omega_0 = 15\,\mathrm{arcsec/s}$，相当于赤道上一点的地球自转速率. 对于这个速度，取不同的曝光时间、不同的焦距时，由恒星相对运动产生的像移计算结果如表 4-3 所示，单位为 mm. 从表中可以看出角速度引起的像点大小变化，根据不同的焦距和曝光时间，变化是较大的，但是这种像移在底板上引起的是像点在某一方向的延长，即由点变成短线，而不是由小的点像变成大的点像.

表 4-3　地面星相机的星像移动量

| $d_{rot}$/mm、$t$/s ＼ $f$/mm | 750 | 450 | 300 |
|---|---|---|---|
| 2 | 0.110 | 0.070 | 0.045 |
| 1 | 0.060 | 0.033 | 0.023 |
| 1/2 | 0.030 | 0.017 | 0.012 |
| 1/4 | 0.014 | 0.008 | 0.006 |

### 4.3.2　大气抖动引起的像点扩散

此像点扩散量 $d_{atm}$ 可由下式进行计算：

$$d_{atm} = f \times \frac{\delta'_{atm}}{\rho''} \tag{4.3.2}$$

式中 $\delta'_{atm}$ 为大气抖动引起的角扩散量(单位为弧秒)，$\rho''$ 则为 1 rad 对应的弧秒数，约为 $2 \times 10^5\,\mathrm{arcsec}$. 可见当焦距 $f$ 较小时，大气抖动对像点扩散的影响不是很大.

例如，当焦距为 500 mm、大气抖动 1 arcsec 时，引起的像点扩散为

$$d_{atm} = 500\,\mathrm{mm} \times \frac{1\,\mathrm{arcsec}}{2 \times 10^5\,\mathrm{arcsec}} = 0.0025\,\mathrm{mm}$$

### 4.3.3　光学系统产生的像点扩散

纯属光学系统造成的像点扩散，主要由衍射效应、光学成像系统质量不佳以及加工装配等误差引起，其中一般以光学系统的像差造成的弥散影响最大. 假如光学系统没有校正二级光谱，对于长焦距系统来说，这种像差产生最大的影响.

光学系统产生的二级光谱值为

$$LC_{ef} = K \times f \tag{4.3.3}$$

此值引起的像点扩散即为

$$d_{ef} = K \times f \times \frac{D}{f} = KD \tag{4.3.4}$$

式中 $D$ 为通光口径；$K$ 为与玻璃材料有关的常数，一般为 0.0005 左右. $d_{ef}$ 表示

C、e、F 三色光对 C、F 校正色差时的二级光谱弥散值.

当光学系统口径达 200 mm 时，可估算出 $d_{ef} = 0.1\,mm$，这是一个不可忽视的量. 其他像差的残留值，一般均将小于二级光谱引起的弥散. 为此，高瞄准精度的星体测量相机最好能校正二级光谱. 制造和装配误差对像点扩散的贡献，一般来说都小于残留的像差.

### 4.3.4　温度变化引起的像点扩散

环境温度变化会使光学系统的像面偏离原先清晰的记录底片，经常称之为热离焦. 假设光学系统口径为 $D$，焦距为 $f$，焦面位移量为 $\Delta L$，则由此位移引起的像点直径扩大为

$$d_{tem} = \left(\frac{D}{f}\right)\Delta L \tag{4.3.5}$$

可见在大的相对孔径和温度变化较大时，$d_{tem}$ 是较大的.

实际上，环境温度变化时，光学系统的结构参数，如半径、厚度、空气间隔、折射率等，都要改变，像面位移则是这些变化的综合结果. 通常温度有 $\pm40\,℃$ 变化时，其位移量大于 0.1 mm，故这个量是不能忽视的.

### 4.3.5　感光底板引起的像点扩散

目标是点光源时，在感光底板上所成像的大小，可以用底板乳剂的点扩散函数来计算. 为了计算简便起见，也可以按底板的分辨率来进行估算. 底板的分辨率为 $N(\mathrm{Lp/mm})$ 时，点光源在底板上所成像的直径为

$$d_{film} = \frac{2}{N} \tag{4.3.6}$$

### 4.3.6　快门振动引起的像点扩散

快门在高速旋转时，会使仪器产生微小抖动，仪器抖动所造成的像点扩散和大气抖动的影响是类似的，所以它对像点扩散来说影响是不大的. 当然，仪器抖动对仪器测量精度的影响是极为重要的.

### 4.3.7　目标像点尺寸的确定

目标在照相底板上的理想像是很小的. 例如，当目标尺寸为 1 m、距离为 300 km，摄影系统焦距为 500 mm 时，理想像点尺寸为 0.0016 mm. 所以，底片上的像点大小主要由其余因素决定.

影响像点大小的各种因素中，除目标速度引起的像移变化外，其他因素对像点扩散的贡献基本上可以认为是使像点按正态分布扩散，故可按下式来求出综合

像点的大小:

$$d_{\text{tot}} = \sqrt{d_{\text{opt}}^2 + d_{\text{atm}}^2 + d_{\text{rot}}^2 + d_{\text{film}}^2} \qquad (4.3.7)$$

不考虑光学系统二级光谱及温度变化的影响时, 取光学系统本身引起的像点扩散 $d_{\text{opt}} = 0.03\ \text{mm}$, 大气抖动的影响 $d_{\text{atm}} = 0.0025\ \text{mm}$, 像面位移的影响 $d_{\text{rot}} = 0.025\ \text{mm}$, 底片对像点的扩散 $d_{\text{film}} = 0.025\ \text{mm}$, 代入(4.3.7)式得 $d_{\text{tot}} \approx 0.05\ \text{mm}$. 实际上, 如果光学系统二级光谱未校正, 或者温度变化未给予补偿, 则综合像点会远大于 0.05 mm.

根据前面的讨论, 眼睛的传递函数峰值在 16 Lp/mm 左右, 同时根据大量判读的实验, 对像质较好的完善像点, 人眼瞄准精度可达像点尺寸的 1/50~1/20. 如果总体要求瞄准精度为 2~3 μm, 则像点选取 0.04~0.1 mm 是适宜的.

### 4.3.8　目标和背景对比度的考虑

人眼对底板上目标像点的可探测性, 除要求像点有一定大小之外, 还要求目标和背景在底板上所形成的光密度有一定差值, 即目标与背景要有一定的对比. 在这一方面, 国外有人专门研究, 提供了一系列的表格和曲线. 其中常规底板判读的极限尺寸能被人眼探测所需的对比度 $C_p$ 如图 4-2 中的曲线所示. 图中横坐标为以毫米为单位的像点尺寸, 纵坐标为像点的表观对比度 $C_p$. 表观对比度 $C_p$ 的意义与我们前述的对比度或调制度有所不同, 其定义为

$$C_p = \frac{T_{a+b} - T_b}{T_b} \qquad (4.3.8)$$

其中 $T_{a+b}$ 为目标加背景在负片上的透过率, $T_b$ 为背景在负片上的透过率.

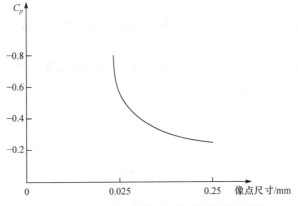

图 4-2　人眼可探测目标表观对比度阈值曲线

从图 4-2 曲线上可以看到, 像点尺寸大于 0.25 mm 以后, 所要求的表观对比

度便不再降低,而像点尺寸小于 0.025 mm 时,对比度再高也不能发现目标. 0.025 mm 的像点在人眼明视距离时,相对于人眼的张角为

$$\frac{0.025}{250} \times 2 \times 10^5 = 20('')$$

相应地,0.25 mm 大小像点相对于人眼的张角则为 $200''$.

从表观对比度 $C_p$ 的定义出发,我们可以导出调制度 $M$、光密度 $D$ 与表观对比度 $C_p$ 的关系. 根据调制度 $M$ 的定义和下面的推导,可得到关系式(4.3.9)

$$M = \frac{T_b - T_{a+b}}{T_b + T_{a+b}}$$

$$\frac{1}{M} = \frac{T_b}{T_b - T_{a+b}} + \frac{T_{a+b}}{T_b - T_{a+b}} = -\frac{1}{C_p} + \frac{C_p + 1}{-C_p} = -\frac{C_p + 2}{C_p} \tag{4.3.9}$$

$$M = \frac{-C_p}{C_p + 2}$$

设 $D_a$ 为目标在底板上的光密度, $D_b$ 为背景在底板上的光密度, $D_{a+b}$ 为目标加背景在底板上的光密度,则可根据光密度与透过率的关系,由下面的推导,得到目标光密度与表观对比度的关系式

$$D_a = D_{a+b} - D_b = \lg\frac{1}{T_{a+b}} - \lg\frac{1}{T_b} = \lg\frac{T_b}{T_{a+b}} = -\lg(C_p + 1) \tag{4.3.10}$$

$$D_a = -\lg(C_p + 1)$$

我们又从感光特性曲线知道底板的反差系数 $\gamma$ 为

$$\gamma = \frac{D_{a+b} - D_b}{\lg H_{a+b} - \lg H_b} = \frac{D_a}{\lg\frac{H_a + H_b}{H_b}} \tag{4.3.11}$$

式中 $H_a$、$H_b$ 分别为目标、背景在底板上的曝光量,$H_{a+b}$ 为目标加背景在底板上的曝光量.

由此,可建立目标曝光量、背景曝光量、底板反差系数、表观对比度 $C_p$ 的关系式,由(4.3.10)式和(4.3.11)式可有

$$\lg\frac{H_a + H_b}{H_b} = \frac{D_a}{\gamma}$$

$$\frac{H_a + H_b}{H_b} = 10^{\frac{D_a}{\gamma}}$$

$$\frac{H_a}{H_b} = 10^{\frac{D_a}{\gamma}} - 1$$

$$H_a = H_b \left( 10^{\frac{D_a}{\gamma}} - 1 \right) \tag{4.3.12}$$

$$H_a = H_b \left( 10^{\frac{-\lg(C_p+1)}{\gamma}} - 1 \right) \tag{4.3.13}$$

根据上式,可以求出目标应有的曝光量.

### 4.3.9　目标曝光量的计算

选定表观对比度 $C_p$ 时,可根据最佳判读要求,求出需要的曝光量. 例如,若判读底板上的像点尺寸为 $d = 0.05 \, \text{mm}$ ,由图 4-2 中的曲线可以查得 $C_p = -0.3$ ,考虑到星体测量相机对底板上的点像,不仅要求能探测,而且必须要有足够的对比度. 为能精确瞄准点像,取 $C_p = -0.5$ ,代入(4.3.10)式得

$$D_a = \lg(-0.5 + 1) \approx -0.3$$

若取反差系数 $\gamma = 0.2$ 、感光度 DIN21 的底板,当需背景光密度 $D_b = 0.5$ 以便于较好判读时,对应的背景曝光量为 $H_b = 0.155 \, \text{lx} \cdot \text{s}$ ,根据(4.3.13)式,求得目标的曝光量应为

$$H_a = 0.155 \times \left( 10^{\frac{0.3}{2}} - 1 \right) \approx 0.06 \, (\text{lx} \cdot \text{s})$$

根据目标在底板上所需的曝光量,可以建立星体测量相机光学参数与恒星在地面上的照度关系,从而解出所能拍摄的星等和星数与星体测量相机光学系统的口径、焦距和视场.

## 4.4　光学系统参数的确定

本节主要确定光学系统的口径、焦距和视场. 光学系统口径的作用是对目标细节能分辨和在接收器上获得足够的能量. 由于星体测量相机所探测的目标是点光源,不存在细节分辨问题,当然口径太小了,以致像点扩大过大,能量分散,也是有问题的. 但是,此类系统口径的确定主要还是从能量来考虑的.

为了解决探测低亮度目标的问题,从能量观点看,影响口径选择的因素很多,如恒星到地面上的照度、观察方向、目标的角速度、快门效率以及接收器的性能等下面来讨论这些问题.

### 4.4.1 星等与光学系统口径和焦距的关系

设在不同方向观察时，恒星在地面上的照度为 $E_m$，在像面上的照度为 $E$，光学系统的透过率为 $\eta$，曝光时间为 $t$，光学系统的通光口径为 $D$，在像面上的像点尺寸为 $d$，则点光源在像面上的曝光量为

$$H = E \cdot t = E_m \cdot \eta \left( \frac{D}{d} \right)^2 \cdot t \qquad (4.4.1)$$

对于运动目标，曝光时间 $t$ 为

$$t = \frac{d}{\omega f} \qquad (4.4.2)$$

式中 $f$ 为光学系统焦距，$\omega$ 为相对角速度. 当目标是恒星时，$\omega$ 即为地球自转角速度，$\omega = 7 \times 10^{-5}\,\text{rad/s}$.

将(4.4.2)式代入(4.4.1)式，得

$$E_m = \frac{H \cdot d \cdot \omega \cdot f}{\eta \cdot D^2} \qquad (4.4.3)$$

可以看到，光学系统焦距越长，像点尺寸越大，要求恒星到地面上的照度越大. 也就是说，能拍下亮星，拍不下暗星. 光学系统的口径大，则可拍下暗星，而且与口径的平方有关. 对于某一星等，由一定的像点尺寸要求即可求得口径与焦距的关系.

例如，我们需拍摄 6 等星，此时照度为 $E_m = 6 \times 10^{-9}\,\text{lx}$，恒星曝光所需曝光量为 $H = 0.06\,\text{lx·s}$，光学系统透过率为 $\eta = 0.5$，像点尺寸 $d = 0.05\,\text{mm}$，则由 (4.4.3) 式得到星体测量相机口径与焦距间的关系为

$$6 \times 10^{-9} = \frac{0.06 \times 0.05 \times 7 \times 10^{-5} \times f}{0.5 \times D^2}$$

$$D^2 = 70 f$$

将不同焦距计算出的孔径和相对孔径列于表 4-4，从表 4-4 可以看到，焦距越长时，相对孔径可以越小. 这当然是有条件的，即在像点大小一定的情况下成立. 若焦距过长，以致像点尺寸增加时，像点尺寸 $d$ 的数值便要改变，于是前面某些结论便需另外考虑了.

表 4-4  星体测量相机焦距与孔径关系的举例计算数值结果列表

| 焦距/mm | 200 | 300 | 450 | 600 | 750 |
|---|---|---|---|---|---|
| 孔径/mm | 118 | 145 | 177 | 205 | 229 |
| 相对孔径 | F/1.69 | F/2.07 | F/2.54 | F/2.93 | F/3.28 |

### 4.4.2　视场和焦距的确定

若照相底片的尺寸已知, 如 180 mm×180 mm, 则光学系统的视场角与焦距便有一定的关系, 即

$$\eta' = f' \tan U_p \tag{4.4.4}$$

式中 $\eta'$ 为线视场, 由底片尺寸决定; $U_p$ 为半视场角. 因此焦距确定后, 视场角也就确定了.

星体测量相机为确定目标的空间位置采用星体来定向, 因此要求底片上能记录足够多的供判读用的定向恒星, 以满足星体测量相机精度的要求. 不同的视场角意味着相机对天体的覆盖区不同, 所包含的恒星数目也不尽相同. 实际上, 能够拍摄多少颗恒星是很复杂的问题, 主要因为地球上观察到的恒星分布数是不均匀的. 所能拍摄的恒星数, 与拍摄点的位置、拍摄时间、观察方向、相机的光学参数等有很大的关系.

#### 1. 不同视场的星数和星等的关系

天空中的星体分布是不均匀的, 但根据天文观测结果, 能够提供全天球上每个星等的恒星数目和截止于某个星等的恒星累计数如表 4-5 所示.

表 4-5　星等与星数列表

| 星等 | <1.5 | 1.5~2.5 | 2.5~3.5 | 3.5~4.5 |
|---|---|---|---|---|
| 星数 | 20 | 46 | 134 | 458 |
| 星等 | 4.5~5.5 | 5.5~6.5 | 6.5~7.5 | 7.5~8.5 |
| 星数 | 1476 | 4840 | 15000 | 45000 |

全天球上总恒星数除以整个空间的立体角 41253 平方度得到的值, 是按绝对平均分布的每平方度里的星数. 若将此数乘以不同视场平方度数, 即可看作是不同的视场角覆盖天区内具有的恒星数.

对一定的底片尺寸, 例如 180 mm×180 mm, 各不相同的焦距能摄得的星数和星等可以制成图表, 如图 4-3 所示. 图中横坐标为星等, 纵坐标为星数, 是对于底片尺寸 180 mm×180 mm 而言的. 每一个焦距画一条曲线, 因为焦距定了, 视场角也就定了, 于是要求包括的星数时, 便对应于要求某一星等. 由图 4-3 可根据需要拍摄的恒星数, 查得相应视场角和焦距.

例如, 需要拍摄 50 颗星时, 为能拍摄 7 等星, 视场角需要 13.6°×13.6°, 相应的焦距应为 750 mm; 为能拍摄 6 等星, 视场角需要 22.6°×22.6°, 相应的焦距应为 450 mm.

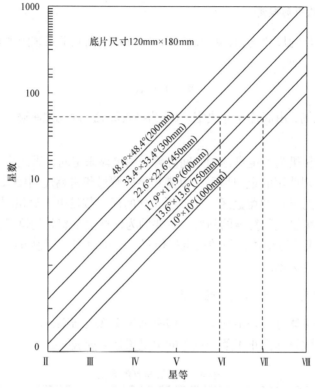

图 4-3　摄得的星数与星等的关系图

### 2. 恒星数目与口径、焦距的关系

我们知道，在相同的角视场条件下，由于选择相机的口径不同，拍摄的星等便不同，所以总的恒星数也就不同. 因此有必要求出恒星数与口径和焦距的关系. 我们可以根据图 4-3 选定焦距，由要求拍摄的总星数查出需要拍摄几等星；然后，由星等及(4.2.1)式来计算此星等在某天顶距、某大气情况下的照度 $E_m$ ；最后，可根据(4.4.3)式求出合适的通光口径数值.

例如，取焦距 450 mm，拍摄 50 颗星，由图 4-3 查出需拍摄 6 等星. 由(4.2.1)式取天顶距 60°，大气质量 $\tau$ 取 0.25，求出照度 $E_m = 6 \times 10^{-9}$ lx. 根据(4.4.3)式，取系统透过率 $\eta = 0.5$ ，像点尺寸 $d = 0.05$ mm，设恒星所需曝光量为 0.03 lx · s，便可求得

$$D = \sqrt{35 \times 450} \approx 125 \,(\text{mm})$$

其余条件相同的情况下，若要求曝光量为 0.06 lx · s，则

$$D = \sqrt{70 \times 450} \approx 177\,(\text{mm})$$

又如, 对于 7 等星, 可求出照度 $E_m = 2.4 \times 10^{-9}$ lx, 进而求出口径与焦距的关系为 $D^2 = 175f$. 焦距 $f = 450\,\text{mm}$ 时, 有

$$D = \sqrt{175 \times 450} \approx 281\,(\text{mm})$$

可以看到, 星等差一等, 口径是要增加不少的.

上面讨论了星体相机的口径与焦距的关系. 一般情况下, 焦距的选择是为了得到一定尺寸的影像和对比度, 而星体测量相机拍摄的是点光源目标, 像点大小一般不因焦距的增大而增大, 亦即目标像的照度几乎与焦距无关, 但是对背景而言, 是面光源, 焦距增大, 照度是降低的. 如此看来, 焦距增大利于像面上目标与背景对比度的增加.

像平面上, 背景的曝光量 $(Et)_b$ 可由下式求出:

$$(Et)_b = \frac{\pi B_b \cdot D^2}{4f^2} t_b \tag{4.4.5}$$

像平面上, 点光源曝光量 $(Et)_o$ 则可由下式求出:

$$(Et)_o = \frac{I}{r^2} \cdot \frac{D^2}{d^2} \cdot t_o \tag{4.4.6}$$

以(4.4.6)式除以(4.4.5)式, 得

$$C = \frac{(Et)_o}{(Et)_b} = \frac{4I}{\pi B_b r^2 d^2} \cdot \frac{t_o}{t_b} f^2 \tag{4.4.7}$$

式中 $r$ 为点目标到摄影系统的距离.

可以看出, 增大焦距是可以提高对比度的. 另外, 增大焦距对提高测角精度也是有好处的, 因为此时像方的线性误差, 如底板不平度、乳剂漂移等, 在物空间均表示成较小的角度. 但是焦距过长, 拍摄的恒星数便少, 再加上大气抖动使像点能量扩散大, 造成判断误差, 会降低测角精度. 这表明不考虑其他情况而一味增大焦距也是不合适的, 实际上, 要从各方面考虑来选择合适的参数.

## 4.5　光学系统的技术要求及质量评价

作为星体测量相机的主光学系统, 光学镜头是光能传输中的一个重要环节. 光学镜头质量的好坏直接影响相机能否满足使用要求, 同时还涉及设计的难度和加工制造实现的可能性. 这里要把星体测量相机的使用要求转换成对镜头的技术要求.

### 4.5.1 对镜头的像差要求

对镜头的主要要求是要保证一定的判读精度. 对光学系统来说, 除了本身的参数决定了像点大小及对比度的要求外, 还必须要有好的成像质量, 以使像点大小及对比度都能满足开始考虑时对成像质量的要求. 通常对星体测量相机的光学质量有以下三方面的要求.

**1. 像点中心偏移的考虑**

所谓像点中心偏移, 是指主光线在实际像面上的交点位置与点扩散函数中心位置有差别. 通常需要保证星体测量相机拍摄的像点判读精度是 $2\,\mu m$, 故要求光学系统对不同孔径和各种颜色光线成像点中心偏移的均方值不大于 $2\,\mu m$.

像点中心偏移的主要原因是光学系统有彗差和倍率色差. 如果像点的不对称性仅仅是由彗差造成的, 光密度中心大约在距主光线与像面交点的 $d/6$ 处, $d$ 为像点的弥散范围. 若允许的偏移量是 $2\,\mu m$, 则彗差造成像点扩散量的允许值为 $0.002 \times 6 = 0.012 (\text{mm})$.

倍率色差是由不同色光的主光线不交于一点造成的, 如果不考虑各种颜色对系统影响的权重, 则倍率色差直接反映了像点中心偏移, 故倍率色差的要求也就是 $2\,\mu m$ 左右. 考虑到边缘视场像差校正的困难, 以及判读点像误差是均方分布的, 对视场边缘的倍率色差以及色彗差、色像散等可以适当放宽要求.

**2. 畸变应得到很好的校正**

畸变是表征像点实际像高与理想像高的偏离量, 通常它由径向畸变和切向畸变两部分组成, 直接影响测量精度. 其中可用校准方法求出径向畸变的变化率, 作为系统误差而除去, 其残余量决定于测量和计算方法; 而切向畸变一般主要是由光学加工和装校不良带来的误差, 没有一定的规律, 不容易在数据处理中去掉. 故需要有一定的要求, 例如, 全视场综合畸变量的均方值不超过 $\pm 10\,\mu m$.

**3. 像差引起的像点弥散要满足要求**

根据前面的分析结果, 认为目标在底板上曝光后像点直径在 0.04～0.1 mm 为适宜, 为此, 分配到光学系统中, 由像差引起的弥散圆直径不超过 0.03～0.05 mm 为好.

### 4.5.2 机械结构对光学系统的要求

星体测量相机中一般有两个快门, 一个是程序快门, 一个是旋转快门. 它们是运动部件, 希望它们的尺寸小一些, 所以需要将快门放在光学系统中通光口径最小的地方，也即放在光学系统的光阑处. 这便要求光阑处的光束直径要小，且光阑两侧的间隔要适当大.

对光学系统的其余要求包括透过率要好、杂光要少、渐晕要适当等，这些则是对一般光学系统共同的要求.

### 4.5.3　光学系统的质量评价

星体测量相机光学系统的研究对象是点像目标，可以用点列图及 OTF 的方法来评价其质量.

#### 1. 以点列图方法来评价

点列图方法是把光学系统的入瞳分成许多面积相等的小方块，追迹从物点发出的穿过这些小方块中心的光线，这些光线经过光学系统后与像面相交，用像面上单位面积内的交点个数近似地代表能量分布，将大部分能量(例如 80%)集中的范围看作是像点的尺寸. 所以这种评价方法与星体测量相机的工作要求是比较类似的.

#### 2. 以 OTF 作为质量评价方法

星体测量相机拍摄的目标虽然是点光源，但它也可以看成是具有特定频率的信息，PTF 还能评价点像的对称性. 故用 OTF 方法评价此类光学系统的质量也是合适的.

##### 1) 特征频率的确定

星体测量相机的特征频率可根据最佳像点尺寸来确定. 根据前面的分析，星体测量相机光学系统的像点尺寸为 $d_{opt} = 0.05\,\text{mm}$ 左右，这相当于空间频率为 $N = 2/d_{opt} = 2/0.05 = 40\,(\text{Lp/mm})$. 因此，可确定目标在高对比时的特征频率为 40 Lp/mm.

##### 2) 光学系统 MTF 的要求

星体测量相机的光学信息传输过程，要受到目标、大气、光学系统、底板、测量等一系列环节的影响. 这些环节都可以看作是线性环节串联而成，可以用各个环节的 MTF 值的乘积来求出最后像的调制度，即

$$M_i = M_o \times M_{TFopt} \times M_{TFatm} \times M_{film} \times \cdots \tag{4.5.1}$$

若只考虑目标、大气、光学系统、底片四个环节的 OTF 情况，则光学系统的传递函数要求为

$$M_{TFopt} \geqslant \frac{M_i}{M_o \times M_{TFatm} \times M_{film} \times \cdots} \tag{4.5.2}$$

由于星体测量相机通常是在夜间使用，此时的背景亮度很低，可以认为目标的调制度很高，现取 $M_o = 0.9$.

大气抖动则根据前面讨论的结果，有

$$M_{\text{TFatm}} = e^{-2\pi^2 a^2 N^2}$$

(4.5.3)

取大气抖动的均方根角值为 $1''$，焦距为 450 mm，特征频率为 40 Lp/mm，代入后得

$$M_{\text{TFatm}} = e^{-2\pi^2 \left(450 \times \frac{1}{2 \times 10^5}\right)^2 \times 16 \times 10^2} \approx \frac{1}{e^{0.16}} \approx 0.85$$

底板取极限分辨本领为 100 Lp/mm 的产品，则频率为 40 Lp/mm 时可有 $M_{\text{film}} = 0.3$ 左右. 当要求像的调制度为 0.05 时，要求光学系统在 40 Lp/mm 处有

$$M_{\text{TFopt}} \geqslant \frac{0.05}{0.3 \times 0.9 \times 0.85} \approx 0.22$$

此时，定出光学系统的 MTF 指标 $M_{\text{TFopt}} \geqslant 0.25$ 是可行的. 在视场中心部分可以要求高些，在视场边缘部分可以要求低些.

若取照相光学系统的焦距为 450 mm，口径为 125 mm，则相对孔径为 $F/3.6$，对 40 Lp/mm 相当的规化频率

$$S = \frac{\lambda}{NA} N_s = \frac{0.55 \times 10^{-3} \times 40}{0.14} \approx 0.16$$

可求出光学系统的波像差方差要求为

$$D = \frac{\lambda^2}{20} \left[1 - \frac{0.25}{0.89}\right] \approx \frac{\lambda^2}{28}$$

3) 光学系统 PTF 的要求

光学系统会残留一部分非对称像差，影响测量精度. 可用 PTF 来讨论像点的对称性问题. 我们这里要求像点峰值移动 $\Delta x \leqslant 2\ \mu m$，故允许的 PTF 的角位移 $\varphi$ 为

$$\varphi = \frac{\Delta x}{\frac{1}{40} \times 10^3} \times 2\pi = \frac{2 \times 40}{10^3} \times 2\pi = \frac{\pi}{6}$$

这可由 PTF 的计算结果直接进行比较.

本章所讨论的问题是一个远程目标的观察摄影问题，牵涉的面较广，实际使用条件还会有很多变化. 同时这也是一个工程问题，各方面还需要留一定的余量. 所以本章的讨论只是一种思路，提出一种考虑问题的方法.

# 参 考 文 献

王效才. 1979. 星体测量相机光学总体分析与系统设计. 光学工程, (5): 1-17.

# 第5章 光谱仪器

## 5.1 绪 言

构成物质的分子、原子等在能级跃迁和振动时会辐射或吸收特定波长的光波，形成发射光谱、吸收光谱. 分子还能对不同光波进行散射，形成散射光谱. 通过研究各种光谱的规律性，探知物质组成及含量的学科是光谱学，形成光谱的仪器通称光谱仪器.

光谱方法是要将电磁辐射分解为各种不同的组分色，每一个组分色以一个参数(波长或频率)来标志. 要求结果是显示出这个波长或频率处的辐射强度.

要获得一个光谱，在技术上有许多不同的方法. 有时光谱仪也以此来称呼，如棱镜光谱仪、光栅光谱仪、干涉光谱仪、可调谐激光光谱仪等. 光谱范围很宽，一台光谱仪只能在一定的波长范围内使用，因此光谱仪也往往以此来分类，称之为 X 射线光谱仪、真空紫外光谱仪、可见紫外分光光度计、红外分光光度计等. 同时因波段不同及使用情况不同而使用不同的接收器，又有其他的光谱仪器的称呼. 用眼睛直接看谱的称为看谱镜，用底片作接收器的称为摄谱仪，用光电倍增管等光电元件作接收器的称为光量计，由单色器加上测光的光度计部分以后则又称为分光光度计，所以有时名称虽不同，往往代表同一类仪器. 还加上使用情况的不同、处理方法的不同，又有双波长分光光度计、相关光谱仪、微区光谱仪、激光拉曼光谱仪、阿特曼光谱仪、瞬时光谱仪等名称，这些名称的给出，也在一定程度上表示了光谱仪器的发展情况.

本章主要讨论光谱仪器色散元件的性质及有关主要的光学系统. 最后，举一个例子来说明此类仪器光学整体问题的考虑.

## 5.2 色散棱镜

光学材料对不同波长光的折射率不一样，所以对入射光而言，通过一个棱镜折射后，不同波长光的折射方向不一样，因而形成光谱. 棱镜很早就作为色散元件来使用，但逐渐为光栅所代替.

### 5.2.1　棱镜的色散和利用率

在图 5-1 中，$\alpha$ 是棱镜顶角，$\delta$ 是入射光线与出射光线之间的偏折角，亦常称偏向角. 不同波长光的折射率不同，因而偏向角 $\delta$ 也就不同. 当入射光线与出射光线对棱镜而言是对称的时候，偏向角最小，此时有

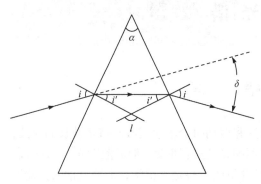

图 5-1　棱镜折射光线示意图

$$i' = \frac{\alpha}{2} \tag{5.2.1}$$

$$i = \frac{\alpha + \delta}{2} \tag{5.2.2}$$

根据折射定律 $\sin i = n \sin i'$，以及上面的(5.2.1)、(5.2.2)式，有

$$\sin \frac{\delta + \alpha}{2} = n \sin \frac{\alpha}{2} \tag{5.2.3}$$

当折射率 $n$ 发生小变化 $\mathrm{d}n$ 时，引起的偏向角变化 $\mathrm{d}\delta$ 可由(5.2.3)式的微分形式

$$\frac{1}{2} \cos \frac{\delta + \alpha}{2} \cdot \mathrm{d}\delta = \sin \frac{\alpha}{2} \cdot \mathrm{d}n$$

得到

$$\frac{\mathrm{d}\delta}{\mathrm{d}n} = \frac{2\sin \frac{\alpha}{2}}{\cos \frac{\delta + \alpha}{2}} = \frac{2\sin \frac{\alpha}{2}}{\sqrt{1 - n^2 \sin^2 \frac{\alpha}{2}}} \tag{5.2.4}$$

对于波长而言，角色散为

$$\frac{\mathrm{d}\delta}{\mathrm{d}\lambda} = \frac{\mathrm{d}\delta}{\mathrm{d}n} \times \frac{\mathrm{d}n}{\mathrm{d}\lambda} = \frac{2\sin \frac{\alpha}{2}}{\sqrt{1 - n^2 \sin^2 \frac{\alpha}{2}}} \times \frac{\mathrm{d}n}{\mathrm{d}\lambda} \tag{5.2.5}$$

对于波长而言，线色散则为

$$\frac{\mathrm{d}l}{\mathrm{d}\lambda} = \frac{\mathrm{d}\delta}{\mathrm{d}\lambda} \cdot f \cdot \frac{1}{\sin \varepsilon} = \frac{2\sin \frac{\alpha}{2}}{\sqrt{1 - n^2 \sin^2 \frac{\alpha}{2}}} \times \frac{\mathrm{d}n}{\mathrm{d}\lambda} \times \frac{f}{\sin \varepsilon} \tag{5.2.6}$$

其中 $f$ 为摄谱物镜的焦距；$\varepsilon$ 为谱面相对于摄谱物镜光轴的倾角，如图 5-2 所示，这是由摄谱物镜对不同波长光的焦距不同而引起的.

在最小偏向角位置，入射角的变化与出射角的变化量相同，故 $\mathrm{d}\delta$ 也就是 $n$ 变更时出射角的变化量.

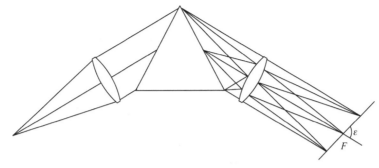

图 5-2　棱镜摄谱仪光路示意图

由(5.2.4)式可见，棱镜顶角 $\alpha$ 越大，$\sin(\alpha/2)$ 也越大，而 $\cos\left[(\delta+\alpha)/2\right]=\sqrt{1-n^2\sin^2(\alpha/2)}$ 越小，则色散越大. 但棱镜顶角 $\alpha$ 一般来说是不能任意变动的，首先，由(5.2.3)式左侧必不大于 1 可知，必有

$$n\sin\frac{\alpha}{2}\leqslant 1, \quad 即 \sin\frac{\alpha}{2}\leqslant \frac{1}{n} \tag{5.2.7}$$

由此得出各种折射率的棱镜顶角 $\alpha$ 的极限值如表 5-1 所示，但是在考虑到棱镜的利用率时，表中所列的棱镜顶角极限值是根本不能用的，因为它们是满足下式时的值：

$$n\sin\frac{\alpha}{2}=1, \quad 即 \sin\frac{\delta+\alpha}{2}=1 \tag{5.2.8}$$

而当 $\sin\dfrac{\delta+\alpha}{2}=1$ 时，$\cos\dfrac{\delta+\alpha}{2}=0$，由(5.2.2)式可知此时 $\cos i=0$，即棱镜的利用率为零.

表 5-1　折射棱镜顶角极限值列表

| $n$ | 1.3 | 1.4 | 1.5 | 1.6 | 1.7 | 1.8 | 1.9 |
|---|---|---|---|---|---|---|---|
| $\alpha$ | 110.5° | 91° | 83.5° | 77.2° | 72° | 67.5° | 63.5° |

所谓棱镜的利用率，如图 5-3 所示，是棱镜的通光口径(即入射光束直径)与棱镜边长之比，等于 $\cos i$. 因此，由(5.2.4)式第一个等号可见，棱镜的色散与利用率成反比. 表 5-2 列出了几种不同棱镜利用率时的 $\sin(\alpha/2)$ 值和 $\mathrm{d}\delta/\mathrm{d}n$ 值，可以看到，折射率较低时，可以有较大的色散 $\mathrm{d}\delta/\mathrm{d}n$，同时利用率可以较大.

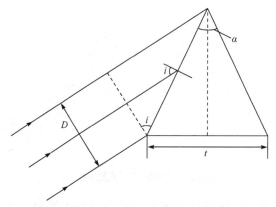

图 5-3 光束口径与入射角和棱镜参数的关系

表 5-2 不同利用率时，棱镜顶角和色散与折射率的数值关系列表

| $n$ | 1.4 | 1.5 | 1.6 | 1.7 | 1.8 |
|---|---|---|---|---|---|
| $\cos i = 0.4$ | | | | | |
| $\sin\dfrac{\alpha}{2}$ | 0.655 | 0.611 | 0.573 | 0.539 | 0.509 |
| $\alpha$ | 82° | 75° | 70° | 65° | 61° |
| $\mathrm{d}\delta/\mathrm{d}n$ | 3.27 | 3.06 | 2.86 | 2.69 | 2.55 |
| $\cos i = 0.5$ | | | | | |
| $\sin\dfrac{\alpha}{2}$ | 0.619 | 0.577 | 0.541 | 0.509 | 0.481 |
| $\alpha$ | 76° | 70° | 65° | 61° | 57° |
| $\mathrm{d}\delta/\mathrm{d}n$ | 2.47 | 2.31 | 2.17 | 2.04 | 1.92 |
| $\cos i = 0.6$ | | | | | |
| $\sin\dfrac{\alpha}{2}$ | 0.571 | 0.533 | 0.500 | 0.471 | 0.444 |
| $\alpha$ | 70° | 64° | 60° | 56° | 53° |
| $\mathrm{d}\delta/\mathrm{d}n$ | 1.90 | 1.77 | 1.67 | 1.57 | 1.48 |

但是，一般的光学玻璃在折射率 $n$ 小时，色散 d$n$ 也小，因此在考虑到这一点以后反而用高折射率的材料做色散棱镜为好. 表 5-3 列出一个利用率为 0.5 时的具体计算结果. 当棱镜的利用率和折射率选定后即可确定棱镜顶角 $\alpha$.

表 5-3　利用率为 0.5 时，不同牌号玻璃棱镜色散计算值列表

| 玻璃牌号 | $n_D$ | $dn$ | $d\delta$ |
|---|---|---|---|
| $QF_1$ | 1.55 | 0.0120 | 0.0268 |
| $F_1$ | 1.62 | 0.0168 | 0.0359 |
| $ZF_3$ | 1.72 | 0.0243 | 0.0489 |

### 5.2.2　棱镜的波长分辨能力

光学仪器的分辨能力随着光孔所决定的像点能量分布状况而不同. 在光学系统像差校正良好时，由单缝衍射决定的分辨能力如前所述是

$$\Delta\delta = \frac{\lambda}{D} \tag{5.2.9}$$

对光谱仪器来说，还须由此导出波长分辨力. 一般以 $R = \lambda / d\lambda$ 表示光谱仪器的波长分辨能力，有

$$R = \frac{\lambda}{d\lambda} = \frac{\lambda}{\Delta\delta} \cdot \frac{\Delta\delta}{\Delta n} \cdot \frac{\Delta n}{\Delta\lambda} = D \cdot \frac{2\sin\frac{\alpha}{2}}{\cos i} \cdot \frac{\Delta n}{\Delta\lambda} \tag{5.2.10}$$

由图 5-3 可知

$$\frac{t}{2} \cdot \frac{1}{\sin\frac{\alpha}{2}} = \frac{D}{\cos i} \tag{5.2.11}$$

即

$$\frac{2D\sin\frac{\alpha}{2}}{\cos i} = t \tag{5.2.12}$$

所以得

$$R = t \times \frac{\Delta n}{\Delta\lambda} \tag{5.2.13}$$

式中 $t$ 为色散棱镜底边长度. (5.2.13)式是在入射光线处于最小偏向角位置时导出的，可以证明，不在最小偏向角位置入射时，(5.2.13)式仍是成立的.

当用一个棱镜的色散不够时，常用多个棱镜作为色散元件，这时相当于增大了棱镜的底边长度 $t$，因而增大了波长分辨能力.

### 5.2.3　棱镜的缺陷

棱镜会使谱线发生弯曲，入射光束不是平行光束或者表面加工不好时，会产

生像差,用石英晶体做色散棱镜时,还会有双折射、旋光等的影响.

### 1. 谱线弯曲

平行光束为平板折射后其结果仍然是平行光束,但是平行光束的相对位置可因棱镜而变化,这就是畸变. 它使谱线向短波方向弯曲,弯曲的量可以由空间折射归化为平面折射而简单地算出,下面用矢量方法来讨论这一问题.

在图 5-4 中,设 $A$、$A'$ 各为入射光线和折射光线的方向矢量,其长度分别等于折射率 $n$ 及 $n'$ ,折射表面法线方向单位矢量为 $N$,则由折射定律

$$A \times N = A' \times N \tag{5.2.14}$$

两边与 $N$ 作矢积,得

$$A - N(A' \cdot N) = A' - N(A' \cdot N) \tag{5.2.15}$$

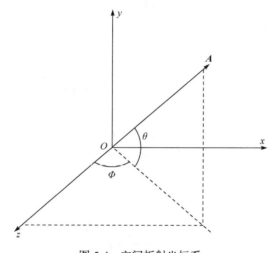

图 5-4　空间折射坐标系

令 $A = (\zeta, \eta, \zeta), A' = (\zeta', \eta', \zeta')$,因为 $yz$ 平面是入射面,故 $N = (1,0,0)$. 根据 (5.2.15)式可得

$$(0, \eta, \zeta) = (0, \eta', \zeta') \tag{5.2.16}$$

即

$$\begin{cases} \eta = \eta' \\ \zeta = \zeta' \end{cases} \tag{5.2.17}$$

(5.2.17)式中第一式表示 $y$ 方向的分量不变,即

$$n \sin \theta = n' \sin \theta' \tag{5.2.18}$$

表示光线在 $xy$ 平面内的投影满足折射定律. 而第二式表示 $z$ 方向的投影不变，即

$$n\cos\theta\cos\Phi = n'\cos\theta'\cos\Phi' \tag{5.2.19}$$

表示光线在 $xz$ 平面内的投影也满足折射定律，但折射率是

$$n^* = n\cos\theta = n\sqrt{1-\sin^2\theta} = n\sqrt{1-\eta^2/n^2} = \sqrt{n^2-\eta^2} \tag{5.2.20}$$

$$n^{*'} = n'\cos\theta' = \sqrt{n'^2-\eta'^2} \tag{5.2.21}$$

对于很多折射面而言，只需 $y$ 方向不变，即法线在 $xz$ 平面内，则 $y$ 在所有折射过程中均不变. 此时可以将空气的折射率规化为 1，而色散棱镜的折射率规化为

$$\bar{n}^* = \sqrt{\frac{n^2-\eta^2}{1-\eta^2}} \tag{5.2.22}$$

空间光线则可作为子午面内光线计算. 由于

$$\bar{n}^* = \sqrt{\frac{n^2-\eta^2}{1-\eta^2}} = n\sqrt{\frac{1-\dfrac{\eta^2}{n^2}}{1-\eta^2}} = n\sqrt{\left(1-\frac{\eta^2}{n^2}\right)\left(1+\eta^2\right)}$$
$$= n\sqrt{1+\eta^2-\frac{\eta^2}{n^2}} = n\sqrt{1-\eta^2\left(\frac{1}{n^2}-1\right)} \tag{5.2.23}$$

$$\bar{n}^* = n\sqrt{1+\eta^2-\frac{\eta^2}{n^2}} \approx n\left[1-\frac{1}{2}\left(\frac{1-n^2}{n^2}\right)\eta^2\right] \tag{5.2.24}$$

$$\bar{n}^* \approx n+\frac{n^2-1}{2n}\eta^2 \tag{5.2.25}$$

故空间光线与对应的主截面内光线相比，等效地"增加"了折射率

$$\Delta n = \frac{n^2-1}{2n}\eta^2 \tag{5.2.26}$$

所以直线狭缝边缘点经棱镜后再成像不在一直线上，而是有所偏折，于是谱线有所弯曲. 而且短波长的折射率高，空间光线"增加"的折射率也随之变大，因此，谱线是弯向短波方向的.

根据(5.2.4)式，可求出附加的偏向角 $\mathrm{d}\delta$ 为

$$\mathrm{d}\delta = \frac{2\sin\dfrac{\alpha}{2}}{\cos i}\times\frac{n^2-1}{2n}\eta^2 = \frac{1}{n}\times\frac{\sin i}{\cos i}\times\frac{n^2-1}{2n}\eta^2 = \frac{n^2-1}{n^2}\eta^2\tan i \tag{5.2.27}$$

设狭缝高为 $H$，摄谱系统的焦距为 $f$，则如图 5-5 所示，狭缝的弯曲量 $X$ 为

$$X = f\cdot\mathrm{d}\delta = f\cdot\frac{H^2}{4f^2}\cdot\frac{n^2-1}{n^2}\tan i = \frac{H^2}{4f}\cdot\frac{n^2-1}{n^2}\tan i \tag{5.2.28}$$

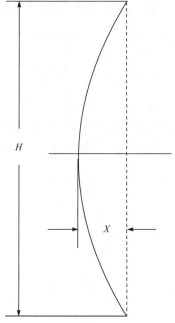

图 5-5 弯曲狭缝示意图

设狭缝像(即谱线)的曲率半径为 $R$，则由弯曲量 $X$ 及狭缝高 $H$，根据公式 $X = H^2/(8R)$，可求出

$$R = \frac{H^2}{8X} = \frac{H^2}{8 \times \dfrac{H^2}{4f} \times \dfrac{n^2-1}{n^2} \tan i} = \frac{fn^2}{2(n^2-1)} \cdot \cot i \tag{5.2.29}$$

### 2. 像差

棱镜对平行光束不产生像差，但当入射光束是会聚或发散光束时，便会产生像差. 光束会聚和发散的原因可以是离焦、准直镜的球差和色差. 另外，棱镜面形不是很平时，即使入射光束是平行光束，也会产生像差.

这些像差中像散是主要的. 棱镜处在最小偏向角位置时，球差相消，彗差相加，像散相消，但是残留量还往往以像散为最主要.

### 3. 石英晶体棱镜的双折射

石英晶体是单轴的、有旋光性的晶体，将石英棱镜的光轴切成和底边平行，并令其折射后的光线在此方向通过，如图 5-6 所示，则对此光线即可避免双折射的影响.

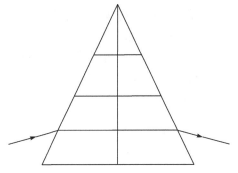

图 5-6 石英晶体棱镜示意图

但由于旋光性,出射光束将是两束转向不同的圆偏振光,折射率不相同. 对顶角为 60°的棱镜而言,右旋和左旋圆偏振光出射方向差几十弧秒. 为消除这种缺陷,可用左旋和右旋的两个 30°棱镜贴合成 60°棱镜. 但是,这样对处在最小偏向角的光线可以消除这种影响,而对处在非最小偏向角的其他波长的光而言,折射后的光线不在光轴方向,寻常光和非常光还将在折射后散开. 这限制了石英棱镜的分辨能力.

### 5.2.4 几种色散棱镜光谱装置

1. 中型石英棱镜摄谱仪

光学系统结构如图 5-7 所示. 图中 S 为狭缝,M 为球面反射镜,作准直镜用,P 为考纽石英棱镜,O 为照相物镜,I 为谱面. 用石英的原因主要是可以将波段范围扩展到近紫外.

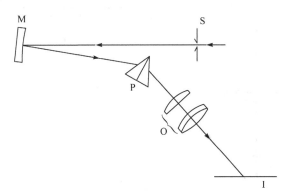

图 5-7 中型石英棱镜摄谱仪光路图

2. 大型石英棱镜摄谱仪

光学系统结构如图 5-8 所示. 图中 S 为狭缝,经狭缝的光束由平面反射镜 M

反射后,入射到物镜 O 上,经物镜 O 折射成平行光束后投射到自准的色散棱镜 P,经棱镜 P 色散后返回. 再经物镜 O 成像在光谱面 I 上,由于入射光束的光轴与色散后光束的光轴在垂直图面的方向有一个小交角,所以色散光束不经过反射镜 M 反射回到狭缝处,而是在反射镜下方通过到达谱面. 这种自准直光学系统光学元件表面反射的杂光是必须要加以注意的.

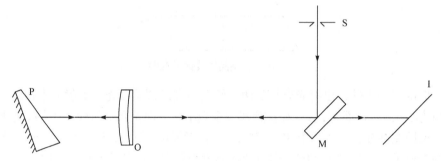

图 5-8　大型石英棱镜摄谱仪光路图

### 3. 大色散摄谱仪

光学系统结构如图 5-9 所示. 各部分的名称已用字母表示,意义同前. 这种装置的主要特点是用了三个色散棱镜,增加了底边长度,因而增强了波长分辨能力.

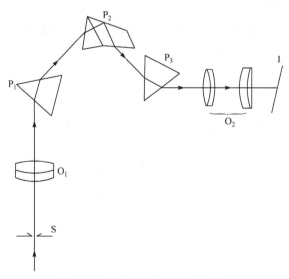

图 5-9　大色散棱镜摄谱仪光路图

### 4. 反射式棱镜单色仪

光学系统结构如图 5-10 所示. 因为是用作单色仪,所以代替谱面的是一个出射狭缝. 色散棱镜可以更换不同的材料以扩展光谱范围. 本装置结构紧凑,可以固定在一个圆形的金属外壳中, 所以亦称圆盘单色计.

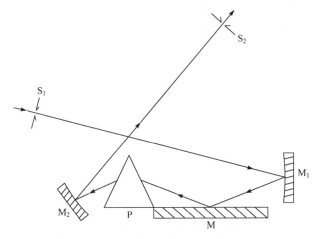

图 5-10  反射式棱镜单色仪光路图

## 5.3  平面衍射光栅

### 5.3.1  光栅衍射色散

考虑光束入射面与光栅刻线垂直的情况, 如图 5-11 所示, 入射光线与衍射光线有关系式

$$d(\sin\alpha \pm \sin\beta) = m\lambda \qquad (5.3.1)$$

式中 $d$ 为栅距或槽间距, 其倒数称为槽密度; $\alpha$ 为入射角; $\beta$ 为衍射角; $m$ 为光谱级. 两正弦函数间的符号, 当 $\alpha$ 和 $\beta$ 在法线同侧时取正号, 在异侧时则取负号, 对于反射光栅和透射光栅均适用.

由(5.3.1)式微分, 便可得到角色散

$$\frac{\Delta\beta}{\Delta\lambda} = \frac{m}{d\cos\beta} \qquad (5.3.2)$$

$$\frac{\Delta\beta}{\Delta\lambda} = \frac{\sin\alpha \pm \sin\beta}{\lambda\cos\beta} \qquad (5.3.3)$$

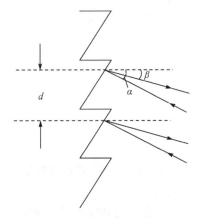

图 5-11  反射光栅刻槽及光路示意图

(5.3.2)式表示, $m$ 越大, $d$ 越小, 则色散越大; 而(5.3.3)式表示, $m$、$d$ 的变

化范围受光栅方程约束. 因而对一定的波长$\lambda$来说, 增大色散的唯一途径是增大$\alpha$和$\beta$. 为增大色散须取掠入射方向附近来观察才行, 这表明当光栅间隔$d$一定时, 为增大干涉级, 只有改变$\alpha$、$\beta$才有可能. 反过来, 在一定角度下要达到高的干涉级, 则$d$一定要大才行, (5.3.1)式表示了这种限制.

由(5.3.1)式可知

$$\frac{m\lambda}{d} = \sin\alpha + \sin\beta \leqslant 2 \tag{5.3.4}$$

$$\frac{m}{d} \leqslant \frac{2}{\lambda} \tag{5.3.5}$$

而由(5.3.3)式可知

$$\frac{\Delta\beta}{\Delta\lambda} \leqslant \frac{2}{\lambda\cos\beta} \tag{5.3.6}$$

在光栅法线附近, $\beta \to 0, \cos\beta \to 1$, $\cos\beta$随$\beta$的变化很小, 此时可由(5.3.2)式得到

$$\left(\frac{\Delta\beta}{\Delta\lambda}\right)_{\beta \to 0} = \frac{m}{d} = 常数 \tag{5.3.7}$$

表明衍射角的差别与波长差呈线性关系, 这个区域的光谱称为正常光谱.

### 5.3.2 分辨能力

我们设此时的分辨能力由通光孔径所决定. 实际上, 光栅的通光面积是很不均匀的, 上面的刻痕与间隔的比例等因素会影响分辨能力. 我们仍定义光栅的波长分辨能力为$\lambda/\Delta\lambda$, 则

$$R = \frac{\lambda}{\Delta\lambda} = \frac{\lambda}{\Delta\beta} \times \frac{\Delta\beta}{\Delta\lambda} = D \times \frac{m}{d\cos\beta} \tag{5.3.8}$$

$$R = \frac{mt}{d} = mN \tag{5.3.9}$$

$$R = t\frac{\sin\alpha + \sin\beta}{\lambda} \tag{5.3.10}$$

式中$t$为光栅刻线部分的宽度, $N$为总栅线数. 故光栅的分辨能力由总栅线数及干涉级次所决定.

若光栅的刻线密度是600~1200 Lp/mm, 刻线宽度为200 mm左右, 则每块光栅的总栅线数在24万以上. 由于制造误差, 很高的干涉级不能使用, 大多数光栅的分辨能力$R$小于50万. 当然也有分辨能力在100万以上的.

### 5.3.3　光栅的谱线弯曲

光栅方程(5.3.1)式是在入射面与光栅刻线槽垂直的特殊情况下成立的，此时考虑的只是入射面内光束的衍射情况. 实际上狭缝总有一定高度，从狭缝上不同点发出的光束以不同的角度入射到光栅平面上，我们下面来讨论倾斜入射情况下光栅的衍射.

在光栅面上建立一直角坐标系，如图 5-12 所示. $yOz$ 为光栅面，$y$ 轴与刻线槽平行. 斜入射光束中的一条光线通过坐标原点 $O$，另一条光线入射到光栅上 $P$ 点，$P$ 点的坐标是 $P(0,y,z)$. 这两条光线是平行入射到光栅面上的. 从 $P$ 点向第一条光线和它的衍射光线分别作垂线，垂足分别是 $A$ 和 $B$. 显然 $AO$ 即为两条入射光线的光程差，$OB$ 为两条衍射光线的光程差，过原点的入射光线与 $xOz$ 平面的夹角为$\theta$，在 $xOz$ 平面内的投影与 $x$ 轴的夹角为$\alpha$，其衍射光线与 $xOz$ 平面的夹角为$\theta'$，在 $xOz$ 平面内的投影与 $x$ 轴的夹角为$\beta$.

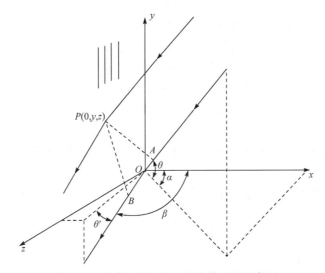

图 5-12　衍射光栅上的空间光线追迹示意图

设入射光线的方向余弦为 $l$、$m$、$n$，衍射光线的方向余弦为 $l'$、$m'$、$n'$，则

$$\overline{AO} = my + nz \tag{5.3.11a}$$

$$\overline{OB} = m'y + n'z \tag{5.3.11b}$$

总光程差即为

$$\overline{AO} + \overline{OB} = (m+m')y + (n+n')z \tag{5.3.12}$$

对于过 $O$、$P$ 两点的两条刻线槽来说，间距 $z$ 是常数，而 $y$ 取任何值时上述

光程差应保持不变. 因此, 必须有

$$m = -m' \tag{5.3.13}$$

即

$$\sin\theta = -\sin\theta', \quad \theta = -\theta' \tag{5.3.14}$$

由图 5-12 可见

$$\begin{cases} n = \cos\theta = \sin\alpha \\ n' = \cos\theta'\sin\beta = \cos\theta\sin\beta \end{cases} \tag{5.3.15}$$

因此, 总光程差为

$$(n + n')z = \cos\theta(\sin\alpha + \sin\beta)z \tag{5.3.16}$$

如果 $z$ 为一个栅距 $d$, 则获得主亮级的条件应为

$$d\cos\theta(\sin\alpha + \sin\beta) = m_G\lambda \tag{5.3.17}$$

值得注意, 此式中光栅衍射级次用 $m_G$ 表示, 以区别于光线方向余弦的符号 $m$.

(5.3.17)式即为光线斜入射时光栅方程的一般形式. 实际上, $\theta$ 就是狭缝上主截面外的点到主截面距离(即狭缝半高)对于准直镜的张角. 对于狭缝中心 $\theta=0$, 光栅方程即为(5.3.1)式. 随着狭缝高度的增加, $\theta$ 也增大, 但在主截面上度量的入射角 $\alpha$ 不变, 由(5.3.17)式可见, 相应的在主截面上度量的衍射角 $\beta$ 增大. $\theta$ 越大, $\beta$ 也越大, 这就造成了谱线的弯曲. 在同级光谱中, 波长越长, 偏离零级越远, 所以光谱产生的谱线弯曲与棱镜产生的谱线弯曲不同, 光栅产生的谱线是弯向长波方向的.

下面对谱线弯曲作出定量的计算, 对于狭缝中点, $\theta=0$, 有

$$\sin\beta_0 = \frac{m_G\lambda}{d} - \sin\alpha \tag{5.3.18}$$

对于狭缝端点, 有

$$\sin\beta = \frac{m_G\lambda}{d\cos\theta} - \sin\alpha \tag{5.3.19}$$

由于 $\theta$ 一般来说是小量, 用级数展开 $\cos\theta$, 得

$$\sin\beta = \frac{m_G\lambda\left(1 + \dfrac{\theta^2}{2}\right)}{d} - \sin\alpha \tag{5.3.20}$$

故

$$\sin\beta - \sin\beta_0 = \frac{m_G\lambda\theta^2}{2d}$$

$$2\sin\frac{\beta-\beta_0}{2}\cos\frac{\beta+\beta_0}{2}=\frac{m_G\lambda\theta^2}{2d} \tag{5.3.21}$$

利用(5.3.22)式，可由(5.3.21)式得到下面的(5.3.23)式，即

$$\sin\frac{\beta-\beta_0}{2}:\frac{1}{2}\Delta\beta,\quad\cos\frac{\beta+\beta_0}{2}\approx\cos\beta_0 \tag{5.3.22}$$

$$\Delta\beta=\sec\beta_0\frac{m_G\lambda\theta^2}{2d} \tag{5.3.23}$$

谱线弯曲的矢高便为

$$X=f\cdot\Delta\beta=\frac{m_G\lambda}{d}\times\frac{H^2}{8f}\frac{1}{\cos\beta_0} \tag{5.3.24}$$

这表明光栅的谱线弯曲近似为抛物线. 与(5.2.28)式比较，光栅的谱线弯曲量一般比棱镜的谱线弯曲量要小一些.

### 5.3.4　几种平面光栅光谱装置

#### 1. 两米平面光栅摄谱仪

光学系统结构如图 5-13 所示. 图中 S 为狭缝，$M_1$ 是小平面反射镜，$M_2$ 是球面反射镜，焦距为 2 m，其中一部分作准直镜，另一部分作照相物镜，G 为平面光栅，I 为谱面.

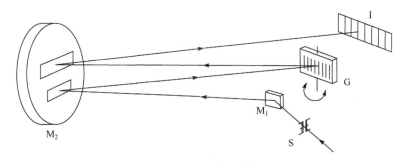

图 5-13　两米平面光栅摄谱仪光路图

#### 2. $CO_2$ 激光谱线分析仪

光学系统结构如图 5-14 所示. 符号的意义同前，光学系统采用的是平面光栅折叠式垂直对称布置的艾伯特系统. 在 I 处放置的是热敏显示屏，由于红外辐射的作用，屏上的热敏材料局部受热褪色变暗，呈现出一系列暗谱线，其波长可从屏上的波长标尺读出. 辐射去掉后，暗线逐渐消失，热敏显示屏恢复原色. 由于热敏显示屏的响应和褪色时间较短，所以可以观测谱线的跃迁变化情况，根据在相

同时间内谱线变暗速度及变暗程度的差别，可以粗略地估计出谱线的强弱状况，这类装置已制成专用于监测 $CO_2$ 激光谱线的分析仪.

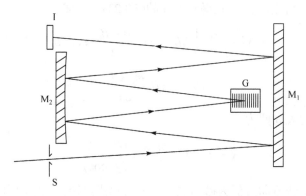

图 5-14　平面光栅折叠式垂直对称艾伯特摄谱仪装置

3. 强聚光光栅分光计

光学系统结构如图 5-15 所示. 图中 $L_1$ 及 $L_2$ 分别为照明和聚光透镜，PM 为光电倍增管，其余符号的意义如前. 本装置采用 $M_1$、$M_2$ 两块反射镜让其焦距不等，以及采取其他相应措施使得残留彗差得以校正，仪器具有很高的分辨率. 出射狭缝高可达 100 mm，有较多的能量进入光电倍增管，此装置可以用于研究荧光光谱这一类弱光光谱.

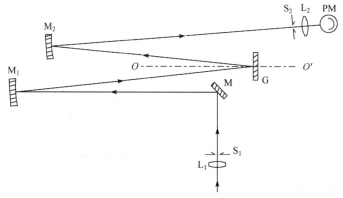

图 5-15　长狭缝平面光栅单色计光路图

# 5.4　凹面光栅

一般的光学材料对短波的透过率很低，故常用反射镜作为光学元件. 将光栅刻在大半径的凹球面上时，它可以同时起到色散和聚焦的作用，这就是凹面光栅.

从像差观点来看，这种方式虽然简单，但受到一定的限制. 可以预计，在入射角和衍射角较大时，将产生严重的像差. 现在的所谓凹面光栅只指刻在球面上的刻痕等间隔的反射光栅. 所谓"刻痕等间隔"，准确地说，是指"刻痕在某一平面上的投影等间隔"，其所以如此，是由光栅刻制的方法决定的. 下面讨论这种凹面光栅的成像性质.

### 5.4.1 球面反射光栅的光程表示式

以光栅面上的中心点 $O$ 为原点建立直角坐标系，如图 5-16 所示. $x$ 轴通过光栅面上的中心点和球面的球心，球面的曲率半径为 $R$. 光栅的刻线槽在 $z$ 轴方向，刻线槽间隔为 $d$, $P(x,y,z)$ 是光栅面上一点. $A(\xi,\eta,\zeta)$ 和 $A'(\xi',\eta',\zeta')$ 分别为物上(沿 $z$ 方向的狭缝)和像上的对应点. 这里的坐标系是以光栅刻痕方向为 $z$ 轴方向，与前述平面光栅的刻痕方向为 $y$ 有所不同，而 $\alpha$、$\beta$、$\theta$、$\theta'$ 等角度的意义则是相同的.

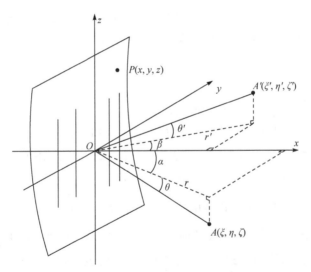

图 5-16 凹面光栅及其坐标系示意图

光程 $[AP]$ 和 $[A'P]$ 与各点间的坐标有如下关系：

$$\begin{cases} [AP]^2 = (x-\xi)^2 + (y-\eta)^2 + (z-\varsigma)^2 \\ [A'P]^2 = (x-\xi')^2 + (y-\eta')^2 + (z-\varsigma')^2 \\ R^2 = (R-x)^2 + y^2 + z^2 \end{cases} \tag{5.4.1}$$

(5.4.1)式中的最后一式可近似展开为

$$x = R - \sqrt{R^2 - \left(y^2 + z^2\right)}$$

$$= \frac{y^2 + z^2}{2R} + \frac{\left(y^2 + z^2\right)^2}{8R^3} + \frac{\left(y^2 + z^2\right)^3}{16R^5} + \cdots \tag{5.4.2}$$

如果是反射镜，要求成像理想，则应该满足条件

$$光程 = [AP] + [A'P] = [AO] + [A'O] \tag{5.4.3}$$

现在是光栅成像，要成像理想，只要求通过光栅上相邻两条刻线槽的光线的光程相差波长的整数倍，即

$$[AP] + [A'P] = [AO] + [A'O] - \frac{y}{d}m\lambda \tag{5.4.4}$$

用符号 $W$ 来记光程 $[AP] + [A'P]$，有

$$W + \frac{y}{d}m\lambda = [AP] + [A'P] + \frac{y}{d}m\lambda = [AO] + [A'O] \tag{5.4.5}$$

光程 $W$ 是 $x$、$y$、$z$ 和 $\xi'$、$\eta'$、$\zeta'$ 等的函数，而不是常数. 由瑞利判据，要使在某一定点所成的像接近理想，$W$ 与某一选定的最佳常数 $W_k$ 之差不应超过 $\lambda/4$，即应有

$$|W - W_k| \leqslant \lambda / 4 \tag{5.4.6}$$

当光程满足(5.4.6)式时，即可得到清晰的谱线.

为看出满足这种条件的情况，需将 $[AP]$、$[A'P]$ 等表示成 $x$、$y$、$z$、$\xi$、$\eta$、$\zeta$ 等的显函数. 为此，将(5.4.1)式作近似的展开，并将 $\xi$、$\eta$、$\zeta$ 用极坐标 $r$、$\alpha$ 来表示；再由(5.4.2)式，将 $x$ 表示为 $\left(y^2 + z^2\right)$ 的形式，有

$$W = W_0 + W_1 + W_2 + \cdots + W_{\zeta,0} + W_{\zeta,1} + W_{\zeta,2} + \cdots \tag{5.4.7}$$

其中 $W_0, W_1, W_2, \cdots$ 为与 $\zeta$ 无关的项，并按 $y$、$z$ 的幂次排列，而 $W_{\zeta,0}, W_{\zeta,1}, W_{\zeta,2}, \cdots$ 是与 $\zeta$ 有关的项，仍按 $y$、$z$ 的幂次来排列. 它们的表示式是

$$W_0 = r + r' \tag{5.4.8}$$

$$W_1 = y\left(\frac{m\lambda}{d} - \sin\alpha - \sin\beta\right) \tag{5.4.9}$$

$$2W_2 = y^2\left(\frac{\cos^2\alpha}{r} - \frac{\cos\alpha}{R}\right) + y^2\left(\frac{\cos^2\beta}{r'} - \frac{\cos\beta}{R}\right) + z^2\left(\frac{1}{r} - \frac{\cos\alpha}{R}\right)$$
$$+ z^2\left(\frac{1}{r'} - \frac{\cos\beta}{R}\right) \tag{5.4.10}$$

$$2W_{\zeta,0} = \frac{\zeta^2}{r} + \frac{\zeta'^2}{r'} \tag{5.4.11}$$

$$2W_{\zeta,1} = 2z\left(\frac{\zeta}{r} + \frac{\zeta'}{r'}\right) + y\left(\frac{\zeta^2 \sin\alpha}{r^2} + \frac{\zeta'^2 \sin\beta}{r'^2}\right) \tag{5.4.12}$$

……

式中 $W_0$，$W_1$，$W_2$，…是与缝高 $\zeta$ 无关的项. 对于狭缝在主截面上的点，即狭缝中点来说，$\zeta = 0$，该点由凹面光栅成像方程表示的程差就只有这几项.

下面，我们来分析各项的物理意义，首先 $W_0$ 和 $W_{0,\zeta}$ 这两项都与 $y$ 和 $z$ 无关.

$$\begin{aligned}
W_0 + W_{\zeta,0} &= r + r' + \frac{\zeta^2}{2r} + \frac{\zeta'^2}{2r'} = r + \frac{r\zeta^2}{2r^2} + r' + \frac{r'\zeta'^2}{2r'^2} \\
&= r\left(1 + \frac{\theta^2}{2}\right) + r'\left(1 + \frac{\theta'^2}{2}\right) = \frac{r}{\cos\theta} + \frac{r'}{\cos\theta'}
\end{aligned} \tag{5.4.13}$$

即

$$W_0 + W_{\zeta,0} = [AO] + [A'O]$$

将此项与理想成像条件的(5.4.5)式比较，知 $[AP] + [A'P]$ 中除 $W_0 + W_{\zeta,0}$ 之项外，其余项都应等于零才行. 但由于参数仅 $\alpha$、$\beta$、$r$、$r'$ 等几个，使各项同时等于零是不可能的. 因此，我们应尽可能使 $y$、$z$、$\zeta$ 的幂次较低的项等于零，以尽可能使成像理想.

### 5.4.2　光栅方程

令 $y$ 和 $z$ 的一次幂的项等于零，即令

$$W_1 + W_{\zeta,1} = 0 \tag{5.4.14}$$

即得

$$\frac{\zeta}{r} + \frac{\zeta'}{r'} = 0 \tag{5.4.15}$$

$$\frac{m\lambda}{d} - \sin\alpha - \sin\beta + \frac{\zeta^2 \sin\alpha}{r^2} + \frac{\zeta'^2 \sin\beta}{r'^2} = 0 \tag{5.4.16}$$

由(5.4.15)式，得

$$\theta = \theta' \tag{5.4.17}$$

此式表示衍射像在高度方向的倍率关系.

由(5.4.16)式，得

$$mλ = d\left[\sin α\left(1 - \frac{θ^2}{2}\right) + \sin β\left(1 - \frac{θ'^2}{2}\right)\right] \tag{5.4.18}$$

可进一步写成

$$mλ = d(\sin α + \sin β)\cos θ \tag{5.4.19}$$

这是凹面光栅方程的一般形式, 该方程的形式与平面光栅方程的一般形式是一样的, 所以凹面光栅所产生的谱线也是弯曲的.

### 5.4.3　聚焦条件

若 $ξ = 0$, 则 $y^2$ 和 $z^2$ 只有 $W_2$ 项, $W_2$ 项等于零的条件是

$$\frac{\cos^2 α}{r_t} + \frac{\cos^2 β}{r_t'} = \frac{\cos α + \cos β}{R} \tag{5.4.20}$$

$$\frac{1}{r_s} + \frac{1}{r_s'} = \frac{\cos α + \cos β}{R} \tag{5.4.21}$$

(5.4.20)式是令 $y^2$ 项的系数为 0 得到的, 因为与 $z$ 无关, 所以是子午光束成像情况, 故将 $r$、$r'$ 表示为 $r_t$、$r_t'$. (5.4.21)式是令 $z^2$ 项的系数为 0 得到的, 因为与 $y$ 无关, 所以是弧矢光束成像情况, 故将 $r$、$r'$ 表示为 $r_s$、$r_s'$. 显然, 这两个式子就是一般像散光束的杨氏公式. 一般来说, 两个关系式不能同时满足, 这就产生像散. 当满足(5.4.20)式时, 点的像为 $z$ 方向的一条焦线, 而当狭缝也在 $z$ 方向时, 不满足(5.4.21)式, 不引起像的不清晰.

满足(5.4.20)式的一个特殊解是

$$\begin{cases} r_t = R\cos α \\ r_t' = R\cos β \end{cases} \tag{5.4.22}$$

在这种条件下, 物与像都位于以光栅面的曲率半径 $R$ 为直径的圆周上, 这个圆称为罗兰圆, 如图 5-17 所示. 大多数的凹面光栅装置都是按罗兰圆条件使用的, 此时的入射狭缝与出射狭缝都安放在罗兰圆上.

当出射狭缝和入射狭缝都在罗兰圆上时, 可求出系统的像散如下:

$$r_t = r_s = R\cos α, \quad r_t' = R\cos β \tag{5.4.23}$$

根据

$$\frac{1}{r_s} + \frac{1}{r_s'} = \frac{\cos α + \cos β}{R} = \frac{1}{r_s} + \frac{1}{R\cos α}$$

$$\frac{1}{r_s'} = \frac{\cos^2 α + \cos α \cos β - 1}{R\cos α} = \frac{\cos α \cos β - \sin^2 α}{R\cos α} \tag{5.4.24}$$

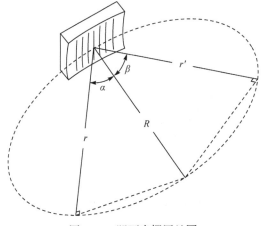

图 5-17　凹面光栅罗兰圆

$$\frac{r'_s - r'_t}{r'_s} = 1 - \frac{r'_t}{r'_s} = 1 - R\cos\beta \times \frac{\cos\alpha\cos\beta - \sin^2\alpha}{R\cos\alpha}$$

$$= \frac{\cos\alpha - \cos^2\beta\cos\alpha + \sin^2\alpha\cos\beta}{\cos\alpha}$$

$$= \frac{\cos\alpha\left(1 - \cos^2\beta\right) + \sin^2\alpha\cos\beta}{\cos\alpha}$$

$$= \sin^2\beta + \sin\alpha\tan\alpha\cos\beta$$

(5.4.25)

满足(5.4.20)式的另一个特解是

$$r_t = \infty, \quad r'_t = \frac{R\cos^2\beta}{\cos\alpha + \cos\beta}$$

(5.4.26)

$r_t = \infty$，即入射光是平行光，按照这个条件使用的凹面衍射光栅分光装置称为瓦兹渥斯装置.

### 5.4.4　可见光和近紫外凹面光栅装置

曾经提出过用于这个波段范围的凹面光栅装置的很多方案，但是得到广泛使用的只有五种，有四种是入射狭缝和出射狭缝都安装在罗兰圆上的，分别是罗兰装置、帕邢装置、阿勃耐装置和伊格尔装置. 还有一种就是入射光在无限远的瓦兹渥斯装置.

#### 1. 罗兰装置和阿勃耐装置

图 5-18(a)为罗兰装置，图 5-18(b)为阿勃耐装置. 狭缝 S 和光谱记录面 P 均在凹面光栅 G 的罗兰圆上.

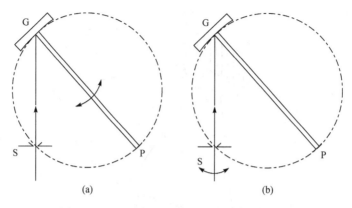

图 5-18　凹面光栅罗兰装置(a)和阿勃耐装置(b)

　　在这两种装置中，光栅和底片间的连线是罗兰圆的直径，所以这种装置的衍射角接近于 0，衍射角的差别与波长差呈线性关系，是正常光谱. 这两种装置的差别在于，罗兰装置中改变波长范围靠转动光栅与底片间的连杆，而阿勃耐装置中改变波长范围是靠转动入射狭缝来完成.

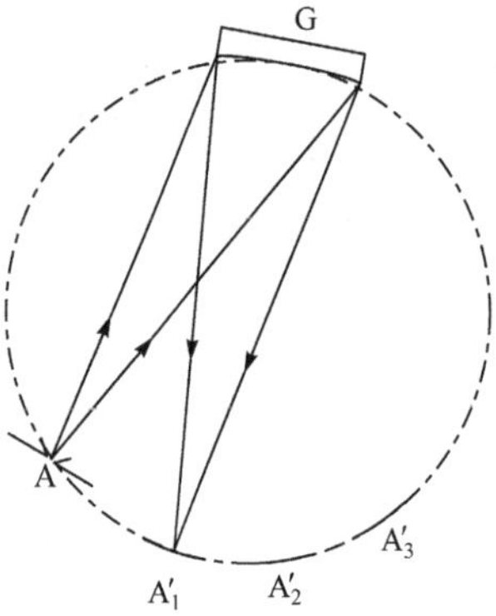

### 2. 帕邢装置

　　图 5-19 表示了帕邢装置的示意图. 这也是一种罗兰圆安排的装置，入射狭缝和光栅 G 的位置固定不动. 在与罗兰圆一致的圆形座上可以放置一系列装照相底片的架子，因此可以同时摄取各种波长区和各个级次的光谱. 在这种装置所产生的光谱中，有一段波长区的像散是比较小的. 这种装置比较结实，但是需占用较大的空间.

图 5-19　凹面光栅帕邢装置

### 3. 伊格尔装置

　　图 5-20 是伊格尔装置的示意图. 这也是在罗兰圆上的一种装置，这种装置中入射狭缝位置不动，波长范围的改变靠光栅及照相底片的移动来完成. 两者移动后连同入射狭缝组成一新的罗兰圆. 在这种装置中，照相底片与入射狭缝相隔不远，以致衍射角和入射角差不多相等. 如果用作单色仪，可将入射狭缝和出射狭缝对称地放在罗兰圆的上方和下方，则入射角等于衍射角. 伊格尔装置的结构紧凑，移动位置方便，因此很多人只使用伊格尔装置.

　　在这种装置中，当狭缝放在照相底片上短波长一边时，像散较小；当狭缝放在底片上长波长一边时，像散对波长的变化较慢，可以对 100 nm 波长范围内的像散校正得较好. 这也是这种装置使用较多的原因之一.

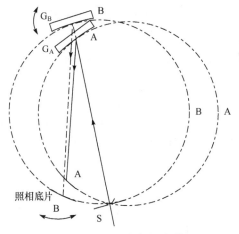

图 5-20　凹面光栅伊格尔装置

## 4. 瓦兹渥斯装置

图 5-21 是瓦兹渥斯装置的示意图. 图中 M 为反射镜, 狭缝 S 置于其焦点上, 反射镜 M 将狭缝 S 发出的光束反射后变成平行光束投影在凹面光栅 G 上, 照相底片则放在以光栅法线作为轴的聚焦位置上.

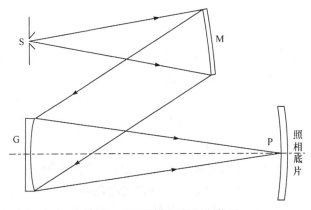

图 5-21　凹面光栅瓦兹渥斯装置

根据(5.4.26)式, 有

$$r_t' = \frac{R\cos^2\beta}{\cos\alpha + \cos\beta} \tag{5.4.27}$$

这是一个抛物线的极坐标方程, 所以聚焦曲线是一个抛物线. 为使整个照相底片上的谱线都清晰, 底片应按(5.4.27)式要求弯曲, 但是随着所拍照片波长范围的变化, 这个曲率也要变化, 这是困难的.

事实上，如果采用一块平的照相底片，除了底片两端附近，几乎所有的光谱都是足够清晰的. 这种装置的优点是在光栅法线上的谱线是无像散的，在法线两侧的谱线像散也是很小的. 底片正好在法线上的时候，$\beta = 0$，因此

$$r_s' = r_t' = \frac{R}{1 + \cos \alpha} \tag{5.4.28}$$

这种装置比罗兰装置占的空间小，容易做得比较结实. 在这种装置中，光源和底片放在整个仪器相反的方向，使用不够方便.

### 5.4.5 真空紫外凹面光栅装置

用于这个波段的凹面光栅光谱仪装置主要有两类：一类是濑谷-波岗装置，另一类是掠入射装置. 下面作简要介绍.

1. 濑谷-波岗装置

在罗兰圆上的凹面光栅装置和瓦兹渥斯装置都是凹面光栅聚焦条件的特解，而这个条件的一般解是

$$r_t' = \frac{\cos^2 \beta}{\dfrac{\cos \alpha + \cos \beta}{R} - \dfrac{\cos^2 \alpha}{r_t}} \tag{5.4.29}$$

式中衍射角 $\beta$ 和入射角 $\alpha$ 的关系由光栅方程确定. 这样给定 $R$、$r_t$ 和 $\alpha$ 以后，表征某个波长某级谱线位置的衍射角 $\beta$ 和截距 $r_t'$ 也就确定了.

一般来说，凹面光栅装置不能像平面光栅装置那样保持狭缝不动而只靠转动光栅来变更波长范围. 因为从(5.4.29)式可见，当 $R$ 和 $r_t$ 一定后，转动光栅时，$\alpha$ 和 $\beta$ 要同时改变，而且 $r_t'$ 也要改变. 进一步的分析表明，当 $|\alpha| = 35°6'$, $|\alpha - \beta| = 70°12'$，亦即入射光线与衍射光线接近于与法线对称的两侧，而且入射狭缝和出射狭缝都在罗兰圆上，光栅绕其本身垂直轴转动角度小于15° 时，在出射狭缝处都能得到清晰的谱线. 也就是在这种条件下，$r_t'$ 的变化很小. 此时的凹面光栅装置如图 5-22 所示，只转动光栅就可以在一定范围内变换波长，是这种装置的优点. 这种装置通常用作真空紫外单色仪.

2. 掠入射装置

在波长比 50 nm 还短的真空紫外区、X 射线区，常常使用掠入射装置的摄谱仪，如图 5-23 所示. 所谓掠入射，通常是指入射角大于80° 的情况，这种装置的入射狭缝 S 和照相底片 A′ 也都是在凹面衍射光栅 G 的罗兰圆上. 色散随

入射角的增大而增大，而色散是不均匀的．掠入射的一个优点是色散大，另一个优点是反射率高．这种装置的缺点是入射角大时要产生大的像散，能够使用的光束较窄．

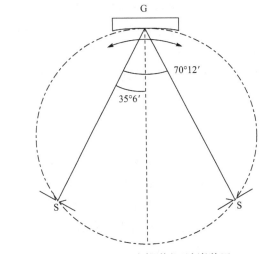

图 5-22　凹面光栅濑谷-波岗装置

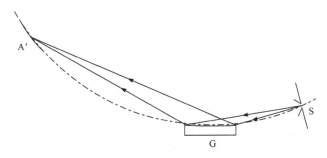

图 5-23　凹面光栅掠入射装置

### 5.4.6　凹面光栅装置性能比较和像散讨论

#### 1. 光栅叠级问题

叠级问题无论在平面光栅装置和凹面光栅装置都存在．从光栅方程中可以看出，对于同一个衍射角，可能出现几种波长的谱线，这些波长与相应光谱级的乘积是相同的，即

$$m_1\lambda_1 = m_2\lambda_2 = m_3\lambda_3 = \cdots \tag{5.4.30}$$

例如，$m_1 = 1$，$\lambda_1 = 600\,\text{nm}$，则在同一衍射角下还可能有第二级光谱的 $\lambda_2 = 300\,\text{nm}$ 的谱线，又可能有第三级光谱的 $\lambda_3 = 200\,\text{nm}$ 的谱线等．不同级次、不

同波长的谱线重叠在一起的现象称为光谱的叠级现象，这现象妨碍我们对光谱的分析研究.

消除叠级现象的方法一般有三种：第一种是选用合适的滤光片把干扰波长滤掉；第二种是利用不同的感光材料对相同的波长范围有不同的灵敏阈的特性，来让需要的波长感光；第三种是用前置分色器，前置分色器的工作原理是在仪器前加一小色散器，由光源发出的光首先经过这个小色散器，色散后再进入光栅光谱装置，这样就控制了进入光栅光谱装置的光谱成分，避免叠级波长的出现.

**2. 光栅光谱装置衍射角范围**

确定光栅刻线数、选定波长和给定入射角后，对一定光谱级的衍射角便确定了. 各种凹面光栅装置可能的入射角、衍射角如图 5-24 所示. 图中纵坐标为入射角，横坐标为衍射角. 例如，罗兰装置的衍射角接近于零，所以是在一个平行于纵坐标的窄条内；又如，伊格尔装置入射角与衍射角接近相等，因此是在与轴成45°的窄条内. 其余每种装置均在图上占某一位置.

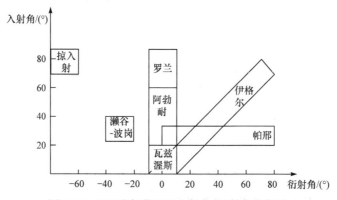

图 5-24　凹面光栅装置的入射角-衍射角分布图

**3. 各种罗兰圆上凹面光栅装置的像散**

在罗兰圆上的各种装置都是有像散的，但不同的装置像散变化很大. 在(5.4.25)式中我们曾经导出像散的表示式

$$\frac{r_s' - r_t'}{r_s'} = \sin^2 \beta + \sin \alpha \tan \alpha \cos \beta \tag{5.4.31}$$

左式可用一比例数 $\zeta$ 来表示，其意义如图 5-25 所示. 应有

$$\frac{r_s' - r_t'}{r_s'} = \frac{\zeta h}{h} = \zeta \tag{5.4.32}$$

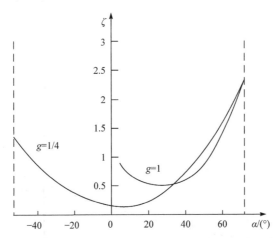

图 5-25 像散量比例数 $\zeta$ 的几何意义示意图

由(5.4.31)式可以看到比例数只与 $\alpha$、$\beta$ 有关,而 $\alpha$、$\beta$ 又由光栅方程 $\sin\alpha + \sin\beta = m\lambda / d$ 所约束,所以可将表征像散的比例数 $\zeta$ 看成是波长与入射角的函数.引入符号 $g$

$$g = \sin\alpha + \sin\beta = \frac{m\lambda}{d} \tag{5.4.33}$$

可以对一定的 $g$(即对某一波长)画出 $\zeta$-$\alpha$ 曲线,如图 5-26 所示,从图中可以看到,对于一定的 $g$,可以有一个入射角 $\alpha$,使得 $\zeta$ 最小. 这一入射角也可用解析的方法求得,即对 $\zeta$、$g$ 的表示式微分.

图 5-26 像散量比例数与入射角的关系曲线

令 $\mathrm{d}\zeta / \mathrm{d}\alpha = 0$,求解 $\alpha$ 即可,但是这一求解比较复杂.下面来讨论各种装置的像散.

1) 伊格尔装置的像散

在这种装置中，$\sin\alpha = \sin\beta$，所以有

$$\zeta = 2\sin^2\alpha \tag{5.4.34a}$$

$$g = 2\sin\alpha = \frac{m\lambda}{d} \tag{5.4.34b}$$

从上面的(5.4.34a, b)式可以看到，光栅常数确定以后，波长越长，$g$ 越大，像散 $\zeta$ 也越大. 对各种不同波长的一级光谱，光栅刻线 500 Lp/mm 的像散计算结果如图 5-27 所示. 图中还画出了像散极小值的曲线(min)以资比较，可以看到伊格尔装置的像散与极小值相去不远，在 $\lambda = 2.4\,\mu m$ 时，也不过相差不到 8%.

2) 罗兰装置的像散

在这种装置中，$\beta = 0$，所以有

$$g = \sin\alpha = \frac{m\lambda}{d} \tag{5.4.35}$$

$$\zeta = \sin\alpha\tan\alpha \tag{5.4.36}$$

因此在这种装置中，波长越大，$g$ 越大，像散也越大. 这种趋势与伊格尔装置中的像散变化趋势是一致的，但是因为 $\zeta$ 中有 $\tan\alpha$ 这一因子，增大的速率比伊格尔装置中像散随波长而增大的速率更高. 类似于伊格尔装置，不同波长的像散也表示在图 5-27 中，从图可以看到，对于罗兰装置，长波的像散太大，是不能用的.

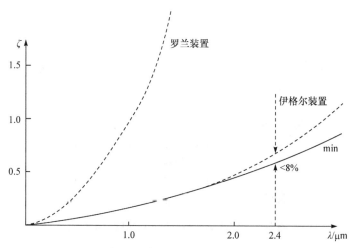

图 5-27　伊格尔装置和罗兰装置的像散 $\zeta$ 随波长$\lambda$变化曲线

3) 帕邢装置的像散

这种装置的入射角是可变的. 于是对某一个波长而言, 可以使像散取极小值. 在这个波长附近, 像散也不会太大. 但是在波长范围很宽的时候, 像散便会大大增加. 若取两个狭缝位置, 使对两个波长有像散极小值, 便可使整个波段都不偏离像散极小值位置过远.

例如, 我们取入射角 $\alpha = 13°$、$\alpha = 38°$ 两个狭缝位置, 计算出像散曲线如图 5-28 所示. 图中也画出了像散极小值的曲线(min). 从图可以看出, 用了两个狭缝位置以后, 整个波长范围内偏离像散极小值均不大, 偏离最大的波长位置是 $\lambda = 1.7\,\mu m$, 而偏离也较小.

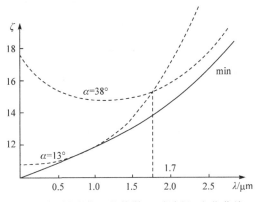

图 5-28 帕邢装置的像散 $\zeta$ 随波长 $\lambda$ 变化曲线

## 5.5 阶 梯 光 栅

反射式阶梯光栅可看作是实现光栅的高色散高光谱级次使用且预定槽形使能量集中在此高级部分的元件.

这种光栅的形状如图 5-29 所示, 此时的入射角和衍射角不再从光栅面算起, 而从各自的单个反射面算起, 仍以 $\alpha$、$\beta$ 表示入射角和衍射角. 在图 5-29 中, $S$ 为反射阶梯光栅反射面的宽度, $d$ 为两阶梯之间的间隔, $IH$ 为入射光线, $HR$ 为衍射光线, 自阶梯的一个顶点 $Q$ 向入射光线和衍射光线分别作垂线, 垂足是 $G$ 和 $K$.

于是阶梯光栅方程为

$$GH + HK = m\lambda \tag{5.5.1}$$

从阶梯的一个虚顶点 $P$ 分别向入射光线和衍射光线作垂线, 垂足是 $M$ 和 $N$, $PQ$ 和 $GH$ 的交点是 $R$, 由图 5-29 得

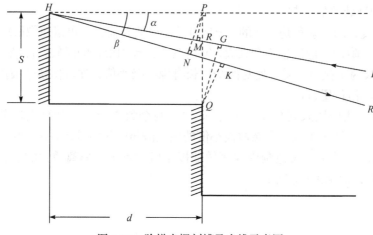

图 5-29　阶梯光栅刻槽及光线示意图

$$GH = HM + MR + RG = d\cos\alpha + (PR + RQ)\sin\alpha = d\cos\alpha + S\sin\alpha \quad (5.5.2)$$

同理

$$HK = d\cos\beta + S\sin\beta \quad (5.5.3)$$

所以

$$GH + HK = d(\cos\alpha + \cos\beta) + S(\sin\alpha + \sin\beta) \approx 2d + S(\alpha + \beta) \quad (5.5.4)$$

得阶梯光栅方程为

$$2d + S(\alpha + \beta) = m\lambda \quad (5.5.5)$$

对衍射角 $\beta$ 和波长 $\lambda$ 微分，可求得角色散为

$$\frac{\mathrm{d}\beta}{\mathrm{d}\lambda} = \frac{m}{S} = \frac{2d}{S\lambda} \quad (5.5.6)$$

通常所用的这种阶梯光栅乃由 30～40 块平行平板叠合而成, $d$ 的数量级是 1～10 mm. 因此由(5.5.5)式可知，此种色散元件所用的干涉级很高.

例如，$\lambda = 0.2\,\mu\mathrm{m}$，干涉级 $m$ 约有 $10^4 \sim 10^5$ 数量级，再由(5.5.5)式知 $m$ 级和 $(m+1)$ 级同一波长的两谱线间角差 $\Delta\beta$ 可由下式求出：

$$S\Delta\beta = \lambda \cdot \Delta m \quad (5.5.7)$$

当 $\Delta m = 1$ 时，有

$$\Delta\beta = \frac{\lambda}{S} \quad (5.5.8)$$

而由(5.5.6)式，同一级光谱中相差 $\Delta\beta$ 的波长差为 $\Delta\lambda$．为使两级不重叠，入

射光的光谱纯度必须使入射波长差别小于 $\Delta\lambda$，故由此得出光谱不重叠所需的光谱纯度限制为

$$\Delta\lambda_0 = \frac{S\lambda}{2d} \cdot \Delta\beta = \frac{S\lambda}{2d} \cdot \frac{\lambda}{d} = \frac{\lambda^2}{2d} = \frac{\lambda}{m} \tag{5.5.9}$$

当 $\lambda = 0.2\,\mu m$、$d = 2\,mm$ 时，求出 $\Delta\lambda_0 = 0.1\,Å$，可见要求入射光的光谱纯度是极高的.

阶梯光栅的分辨能力与一般光栅的分辨能力相同，可表示为 $mN$，这里的 $N$ 是阶梯光栅的阶梯数，由于干涉级 $m$ 高，所以分辨能力也高. 光谱分辨本领 $R$ 为

$$R = \frac{\lambda}{\Delta\lambda} = mN = \frac{2dN}{\lambda} \tag{5.5.10}$$

能够分辨的波长间隔 $\Delta\lambda_R$ 为

$$\Delta\lambda_R = \frac{\lambda^2}{2dN} = \frac{\Delta\lambda_0}{N} \tag{5.5.11}$$

故能分辨的波长间隔仅为入射光谱纯度的 $1/N$，这表明只有平行平板块数较多的阶梯光栅才有用处. 为有高的波长分辨能力和角色散，$d$ 一般较大.

对于透射阶梯光栅，相应的公式可以写作

$$S(\alpha + \beta) + d(n-1) = m\lambda \tag{5.5.12}$$

对衍射角 $\beta$、折射率 $n$ 和波长 $\lambda$ 求微分，有

$$S \cdot d\beta + d \cdot \Delta n = m \cdot d\lambda$$

$$S \cdot \frac{d\beta}{d\lambda} + d \cdot \frac{\Delta n}{\Delta\lambda} = m \tag{5.5.13}$$

得

$$\frac{d\beta}{d\lambda} = \frac{m - d \times (\Delta n / \Delta\lambda)}{S} \tag{5.5.14}$$

## 5.6 法布里-珀罗标准具

除上述各种将波面分割而组成的多光束干涉机构可以作为光谱仪的色散系统外，振幅分割多光束干涉机构，如法布里-珀罗标准具，也可作为高分辨光谱仪的色散系统.

### 5.6.1 反射膜的性质和条纹的形状

当光线在形如图 5-30 的平行平板间反射时，所形成的干涉条纹由熟知的艾里

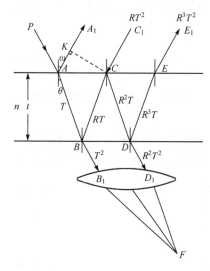

图 5-30　反射膜多光束干涉原理图

公式所描述. 设平行平板的厚度为 $t$, 折射率为 $n$, 入射光的入射角为 $\omega$, 在平板中的折射角为 $\theta$, 反射率为 $R$, 透过率为 $T$, 则相邻两光线的光程差 $\delta$ 为

$$\delta = \frac{2\pi}{\lambda} \times 2nt\cos\theta \qquad (5.6.1)$$

(5.6.1)式由图 5-30 中的情况来证明. 图 5-30 中入射光线 $PA$, 入射点为 $A$, 自 $A$ 反射光线 $AA_1$, 折射出光线 $AB$. 自 $B$ 反射光线 $BC$, 自 $C$ 折射出光线 $CC_1$, 同时自 $B$ 折射出光线 $BB_1$, $\cdots$, $K$ 为自 $C$ 向 $AA_1$ 光线所作垂线的垂足, 光线 $AA_1$ 与 $CC_1$ 的光程差为

$$\delta = \frac{2\pi}{\lambda}\Big[ n(AB + BC) - AK \Big] \qquad (5.6.2)$$

由图可知

$$n(AB + BC) - AK = n\frac{2t}{\cos\theta} - 2t\tan\theta\sin\omega = n\frac{2t}{\cos\theta} - 2tn\tan\theta\sin\theta$$

$$= n\frac{2t}{\cos\theta} - 2tn\frac{\sin^2\theta}{\cos\theta} = n\frac{2t}{\cos\theta}\left(1 - \sin^2\theta\right) = 2nt\cos\theta \qquad (5.6.3)$$

所以

$$\delta = \frac{2\pi}{\lambda}\cdot 2nt\cos\theta \qquad (5.6.4)$$

对于透射光线 $BB_1$ 和 $DD_1$ 也有相同的结果.

下面来讨论透射光的总光强. 设入射光 $PA$ 的光强是 $I_0$, 则各光线的光强如下:

光线　　　$AB$　　$BB_1$　　$CD$　　　$DD_1$　　$\cdots\cdots$

光强　　　$I_0T$　　$I_0T^2$　　$I_0TR^2$　　$I_0T^2R^2$　　$\cdots\cdots$

在透射光后放一会聚透镜, 使各透射光会聚于焦点 $F$, 则在 $F$ 点的总能量为

$$I = I_0T^2\left(1 + R^2 + R^4 + \cdots\right) = \frac{I_0T^2}{1 - R^2} \qquad (5.6.5)$$

若系统无吸收, 即 $1 - R = T$, 则

$$\frac{I}{I_0} = \frac{(1 - R)^2}{1 - R^2} = \frac{1 - R}{1 + R} \qquad (5.6.6)$$

当反射光和透射光是相干光时，它们的能量分布便与相位差有关. 现在的透射光是一束相干光，我们可以用光振动的振幅和相位来讨论这一问题. 入射光的振动用 $A_0 e^{i\omega t}$ 表示. 考虑到透射光的振幅正比于其光强的平方根，透射光的振动可表示为

$$
\begin{aligned}
A_0 T &\left[ e^{i\omega t} + R e^{i(\omega t - \delta)} + R^2 e^{i(\omega t - 2\delta)} + \cdots \right] \\
&= A_0 T e^{i\omega t} \left[ 1 + R e^{-i\delta} + R^2 e^{-2i\delta} + \cdots \right] \\
&= \frac{A_0 T}{1 - R e^{-i\delta}} e^{i\omega t}
\end{aligned}
\tag{5.6.7}
$$

其中 $\omega$ 为光振动的角频率. 故透射光振动的振幅部分为

$$
\begin{aligned}
\frac{A_0 T}{1 - R e^{-i\delta}} &= \frac{A_0 T}{(1 - R\cos\delta) + iR\sin\delta} \\
&= \frac{A_0 T \left[ (1 - R\cos\delta) - iR\sin\delta \right]}{1 - 2R\cos\delta + R^2}
\end{aligned}
\tag{5.6.8}
$$

相位部分为 $e^{i\omega t} = \cos\omega t + i\sin\omega t$ ，两个复数乘积的实部为

$$
\frac{A_0 T}{1 - 2R\cos\delta + R^2} \times \left[ (1 - R\cos\delta)\cos\omega t + R\sin\delta\sin\omega t \right]
$$

透射光的光强

$$
I_T = \frac{A_0^2 T^2 \left[ (1 - R\cos\delta)^2 + R^2\sin^2\delta \right]}{\left( 1 - 2R\cos\delta + R^2 \right)^2} = \frac{A_0^2 T^2}{1 - 2R\cos\delta + R^2}
\tag{5.6.9}
$$

当无吸收时，$T = 1 - R$ ，则

$$
\begin{aligned}
\frac{I_T}{I_0} &= \frac{T^2}{1 - 2R\cos\delta + R^2} = \frac{(1 - R)^2}{1 + 2R(1 - \cos\delta) - 2R + R^2} \\
&= \frac{(1 - R)^2}{(1 - R)^2 + 4R\sin^2\dfrac{\delta}{2}} = \frac{1}{1 + \dfrac{4R}{(1 - R)^2}\sin^2\dfrac{\delta}{2}}
\end{aligned}
\tag{5.6.10}
$$

故透射光的极大值发生在

$$
\sin\frac{\delta}{2} = 0 \text{处，即} 2nt\cos\theta = m\lambda
\tag{5.6.11}
$$

其中 $m$ 取整数，称之为干涉级次. 从(5.6.11)式可以看到，对不同波长的光，透射光极大值发生在不同的 $\theta$ 角. 故在会聚焦面上占有不同的位置，因而形成了色散.

当无吸收时，$T=1-R$，$I_T$ 的极值等于 $I_0$. 反射率 $R$ 影响条纹宽度的情况如图 5-31 所示，反射率 $R$ 越大，则所得透射光中的干涉主最大越细，即 $R$ 严重地影响到条纹的宽度.

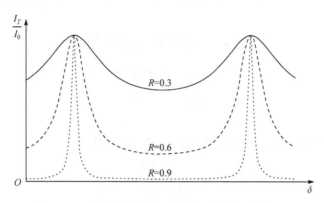

图 5-31　透射光干涉条纹图样随反射率的变化情况

由条纹的半宽度，即光强半最大处 $I_0/2$ 所决定的宽度，被认为是条纹的宽度，则此时的 $\delta$ 值可由(5.6.10)式求出：

$$\frac{1}{2}=\frac{1}{1+\dfrac{4R}{\left(1-R\right)^2}\sin^2\dfrac{\delta}{2}}$$

$$\frac{4R}{\left(1-R\right)^2}\sin^2\frac{\delta}{2}=1$$

$$\sin^2\frac{\delta}{2}=\frac{\left(1-R\right)^2}{4R} \tag{5.6.12}$$

$$\delta\approx\frac{1-R}{\sqrt{R}} \tag{5.6.13}$$

相邻光线光程差 $\delta$ 变化 $2\pi$ 为一个条纹，故条纹宽度与条纹间距之比为

$$W=\frac{\delta}{\pi}=\frac{1-R}{\pi\sqrt{R}} \tag{5.6.14}$$

由此可见，提高反射率 $R$ 十分重要. $1-R=0.90$ 和 $1-R=0.95$ 的反射膜，形成的透射光条纹宽度之比接近 $2:1$.

当膜层存在吸收时，$T/(1-R)$ 不等于 1. 以 $A$ 表示吸收，则 $R+T+A=1$，此时透射光强的极大值不再是 1，而是

$$\left(\frac{T}{T+A}\right)^2 \tag{5.6.15}$$

条纹形状不变，但由于 $T$ 是小量，故即使小量的吸收 $A$，也会对透射光强产生重大的影响.

### 5.6.2 条纹的色散

对(5.6.11)式进行微分，得

$$2nt\sin\theta\cdot\Delta\theta = m\Delta\lambda$$

$$\frac{\Delta\theta}{\Delta\lambda} = \frac{m}{2nt\sin\theta} = \frac{\cot\theta}{\lambda} \tag{5.6.16}$$

由此可见，$\theta$ 越小，干涉级越高，角色散也越大.

### 5.6.3 谱线叠级情况

设波长为 $\lambda_1$ 和 $\lambda_2(\lambda_2 > \lambda_1)$ 的两束光以相同的方向入射到法布里-珀罗标准具上，它们各形成一组同心圆环状的干涉亮条纹(主最大). 对同一干涉级，$\lambda_2$ 的干涉圆环直径较 $\lambda_1$ 干涉圆环直径小些；当满足

$$2nt\cos\theta = m\lambda_1 = (m-1)\lambda_2 \tag{5.6.17}$$

时，$\lambda_1$ 的 $m$ 级亮纹与 $\lambda_2$ 的 $(m-1)$ 级亮条纹重叠，因而得

$$m\lambda_1 = (m-1)\lambda_2 = m\lambda_2 - \lambda_2 \tag{5.6.18}$$

$$\Delta\lambda = \lambda_2 - \lambda_1 = \frac{\lambda_2}{m} = \frac{\lambda_1\lambda_2}{2tn\cos\theta} = \frac{\lambda^2}{2tn\cos\theta} \tag{5.6.19}$$

此 $\Delta\lambda$ 值是某一波长光的干涉条纹与另一波长光的干涉条纹重合时的波长差，亦即在给定 $t$ 的标准具中，若入射光的波长在 $\lambda$ 到 $\lambda+\Delta\lambda$ 的波长范围以内，则所产生的干涉条纹不重叠，我们称此 $\Delta\lambda$ 为标准具常数或标准具的自由光谱范围.

例如，对 $t=5\,\text{mm}$ 的标准具，入射光波长 $\lambda=4561\,\text{Å}$，$n\cos\theta=1$ 时，$\Delta\lambda=0.3\,\text{Å}$. 这就是说，对于这样的标准具，只有波长在 $\lambda=4561\sim4561.3\,\text{Å}$ 范围内的光才没有叠级现象.

### 5.6.4 分辨本领

法布里-珀罗干涉仪所给的条纹形状已知，所以对它的分辨本领，可以作出比较切合实际的讨论. 由于条纹形状与单缝衍射不同，因此所得的分辨能力与波长分辨能力跟一般的情形不同，如图 5-32 所示，当两条纹相距为 $\Delta$ 时，恰使极大与极小之比为 $1:0.8$，则认为是能够分辨的，即

$$\frac{2I_1}{I_2 + I_M} = 0.8 \tag{5.6.20}$$

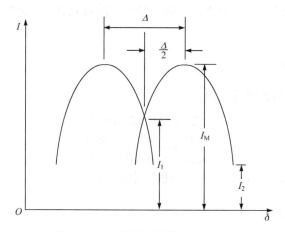

图 5-32　相邻条纹光强叠加示意图

由(5.6.10)式,当没有吸收时,有

$$\frac{\dfrac{2I_0\left(1-R\right)^2}{\left(1-R\right)^2+4R\sin^2\dfrac{\varDelta}{2}}}{\dfrac{I_0\left(1-R\right)^2}{\left(1-R\right)^2}+\dfrac{I_0\left(1-R\right)^2}{\left(1-R\right)^2+4R\sin^2\dfrac{\varDelta}{2}}}=0.8 \tag{5.6.21}$$

由于 $\varDelta$ 很小,可视 $\sin\varDelta=\varDelta$,再用符号

$$F=\frac{4R}{\left(1-R\right)^2} \tag{5.6.22}$$

即得

$$1+F\left(\frac{\varDelta}{4}\right)^2+\frac{1+F\left(\dfrac{\varDelta}{4}\right)^2}{1+F\left(\dfrac{\varDelta}{2}\right)^2}=2.5 \tag{5.6.23}$$

化简得

$$\frac{F^2}{64}\varDelta^4-\frac{F}{4}\varDelta^2-0.5=0 \tag{5.6.24}$$

解出

$$\varDelta=\frac{4.2}{\sqrt{F}}=\frac{2.1\left(1-R\right)}{\sqrt{R}} \tag{5.6.25}$$

即能分辨的条纹间距与标准具的直径无关，只由反射率 $R$ 决定.

由相位差 $\Delta$ 决定的角度差和波长差可由(5.6.4)式及(5.6.16)式决定，即

$$\frac{4\pi nt\sin\theta\mathrm{d}\theta}{\lambda}=\frac{2.1(1-R)}{\sqrt{R}} \tag{5.6.26}$$

$$\mathrm{d}\theta=\frac{2.1(1-R)}{\sqrt{R}}\times\frac{\lambda}{4\pi nt\sin\theta} \tag{5.6.27}$$

$$\mathrm{d}\lambda=\frac{\mathrm{d}\theta\cdot 2nt\sin\theta}{m}=\frac{2.1(1-R)}{\sqrt{R}}\times\frac{\lambda}{4\pi nt\sin\theta}\times\frac{2nt\sin\theta}{m}$$

$$=\frac{2.1(1-R)}{2\pi\sqrt{R}}\times\frac{\lambda}{m}=\frac{k\lambda}{m} \tag{5.6.28}$$

即

$$\frac{\lambda}{\mathrm{d}\lambda}=\frac{m}{k} \tag{5.6.29}$$

其中常数 $k$ 为

$$k=\frac{2.1(1-R)}{2\pi\sqrt{R}} \tag{5.6.30}$$

它决定干涉仪的分辨能力情况，与阶梯光栅的波长分辨能力(5.5.10)式比较，$k$ 相当于 $1/N$. 因此反射率 $R$ 的提高是很重要的.

## 5.7　傅里叶干涉分光计

傅里叶干涉分光计基本上就是一台迈克耳孙干涉仪，如图 5-33 所示，$M_1$、$M_2$ 为两块平面反射镜，P 为分束板，$L_1$、$L_2$ 分别是准直镜和成像物镜. $L_1$ 使通过小孔 S 的光变成平行光，$L_2$ 将通过干涉仪之后的两束相干光会聚于接收器R上. 若入射光是波长为 $\lambda$ 和光亮度为 $B$ 的单色光，两束相干光的相位差为 $\delta$，则接收器 R 上接收到的辐射通量为

$$E\propto B\cos^2\frac{\delta}{2} \tag{5.7.1}$$

以光程差 $\Delta$ 代替相位差 $\delta$，并用波数 $\nu$ 代替波长 $\lambda(\nu=1/\lambda)$，即

$$\cos^2\frac{\delta}{2}=\frac{1+\cos\delta}{2}=\frac{1+\cos 2\pi\frac{\Delta}{\lambda}}{2}=\frac{1+\cos 2\pi\nu\Delta}{2} \tag{5.7.2}$$

则(5.7.1)式可写为

$$E\propto B\cos^2\frac{\delta}{2}=\frac{B+B\cos 2\pi\nu\Delta}{2} \tag{5.7.3}$$

此式表示接收器接收到的辐射通量 $E$ 是光程差 $\Delta$ 的余弦函数.

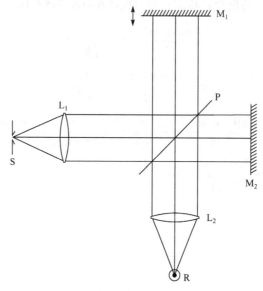

图 5-33    傅里叶干涉分光计原理光路图

若入射光为含有各种波长的混合光，并且在光谱间隔 $(\nu, \nu + \Delta\nu)$ 内，光亮度为 $B(\nu)\Delta\nu$ ，则接收器 R 上接收到的在光谱间隔 $(\nu, \nu + \Delta\nu)$ 内的辐射通量为

$$dE \propto B(\nu)\Delta\nu + B(\nu)\Delta\nu\cos 2\pi\nu\Delta \tag{5.7.4}$$

而接收到的全光谱范围内的总辐射通量为

$$E \propto \int_0^\infty B(\nu)d\nu + \int_0^\infty B(\nu)\cos 2\pi\nu\Delta d\nu \tag{5.7.5}$$

此式表示接收器接收到的总辐射通量分为两部分：一部分，即第一项，与光程差无关；另一部分，即第二项，则为光程差 $\Delta$ 的函数. 于是我们把后者写成

$$E(\Delta) \sim \int_0^\infty B(\nu)\cos 2\pi\nu\Delta d\nu \tag{5.7.6}$$

显然，函数 $E(\Delta)$ 是光源光谱分布 $B(\nu)$ 的傅里叶余弦变换. 由于傅里叶变换是可逆的，所以可得

$$B(\nu) = \int_0^\infty E(\Delta)\cos 2\pi\nu\Delta d\Delta \tag{5.7.7}$$

此式表示函数 $E(\Delta)$ 的傅里叶余弦变换即为入射光的光谱分布 $B(\nu)$ .

在迈克耳孙干涉仪中，借助于连续地移动反射镜 M，可实现光程差 $\Delta$ 连续改变. 若在改变 $\Delta$ 的同时，用同步记录系统记下接收器输出中的变化部分，则所得的记录是一条 $E(\Delta)$ - $\Delta$ 曲线，称为干涉图，$E(\Delta)$ 称为干涉图函数.这样，在获得干涉图之后, 只要算出干涉图函数的傅里叶余弦变换, 即得到光源的光谱分布 $B(\nu)$. 如此计算出的光谱称为傅里叶光谱. 上述利用傅里叶变换研究入射光光谱分布的干涉仪称为傅里叶干涉分光计. 这样的光谱技术称为傅里叶光谱术.

为完成所需的傅里叶变换, 需要大量的计算, 在数字电子计算机普遍应用之前, 这曾是这种分光术的难点. 在今天只要一台比较简单的数字电子计算机, 即可满足一般光谱工作要求. 现在的傅里叶干涉分光计, 已经能够在反射镜 $M_1$ 的扫描停止后几分钟, 即可由仪器绘出所求的光谱分布.

这种分光技术的主要优点是它的待测光谱光的辐射通量高, 所以在光源很弱的红外和中、远红外区, 傅里叶干涉分光计用得较多.

## 5.8 光谱仪用的光学系统

### 5.8.1 典型光谱仪光学系统组成

光谱仪器用的光学系统有两大类: 成像系统和照明系统. 光谱仪器中的能量问题很重要, 同时要求有较宽的波段范围, 故一般常用简单的反射系统达到目的.

平面光栅作为色散元件的光谱仪器中, 常用凹球面反射镜作为照明系统和成像系统. 用平面光栅作为色散元件的最基本装置有两种, 即利特罗装置和艾伯特装置. 利特罗装置的光路如图 5-34 所示, 各个元件的意义已注在图上, 反射镜既作准直系统, 又作成像系统. 这种系统的结构简单、紧凑, 要注意杂光的影响.

艾伯特装置是一种对称系统, 光路如图 5-35 所示. 入缝和出缝对称地放在光栅的两侧, 按狭缝的离轴方向与色散方向是平行还是垂直, 分为垂直对称式艾伯特系统和水平对称式艾伯特系统两类, 这两类型装置中光栅的旋转方向示意于图 5-35,

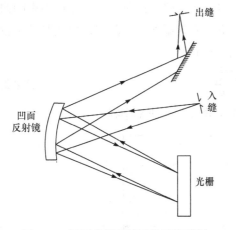

图 5-34 平面光栅利特罗装置光路图

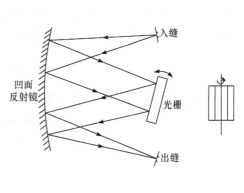

图 5-35 平面光栅艾伯特装置光路图

一般又常称水平对称式艾伯特系统为法斯特-艾伯特系统. 因为入射角与衍射角差别比较大，故在艾伯特系统中，作照明准直和成像系统的反射镜比利特罗系统中的反射镜大得多，所以在此类系统中也有将大反射镜做成两块小反射镜的. 下面对这些系统中的成像性质和照明方法作一讨论.

### 5.8.2　成像系统

成像系统常用球面反射镜，球面镜用在轴上点成像时有球差，在离轴使用时有彗差、像散、匹兹凡和畸变. 多数情况下，此类系统仅球差、彗差和像散是重要的. 不难证明，单个球面的各种初级像差值是

$$球差 S_{\mathrm{I}} = -\frac{2y^4}{r^3} \tag{5.8.1a}$$

$$彗差 S_{\mathrm{II}} = -\frac{2y^3}{r^2} i_{\mathrm{p}} \tag{5.8.1b}$$

$$像散 S_{\mathrm{III}} = -\frac{2y^2}{r} i_{\mathrm{p}}^2 \tag{5.8.1c}$$

$$场曲 S_{\mathrm{IV}} = \frac{2y^2}{r} u_{\mathrm{p}}^2 \tag{5.8.1d}$$

$$畸变 S_{\mathrm{V}} = 2y\left(u_{\mathrm{p}}^2 - i_{\mathrm{p}}^2\right) i_{\mathrm{p}} \tag{5.8.1e}$$

式中 $r$ 是球面半径，$i_{\mathrm{p}}$ 是主光线入射角，$u_{\mathrm{p}}$ 是主光线和光轴夹角，$y$ 是光束在光栅面上的入射高度.

仅用单球面时，球差恒存在，对于两个反射镜，一个作准直镜，另一个作成像物镜时，球差相加，用抛物面代替球面可以消除球差. 有像散存在时，我们可以对焦在子午焦点上，使由像散产生的弥散均在狭缝方向延伸，则可以不影响谱线质量. 当狭缝是弯曲的时，像散延伸会超出狭缝宽度方向范围，但此时已是较小的数值. 此超出值 $\Delta$ 可以根据图 5-36 由下式估算：

$$\Delta = \frac{TA_{\mathrm{ast}}^2}{2R} \tag{5.8.2}$$

式中 $TA_{\mathrm{ast}}$ 为由像散引起的垂轴像差，$R$ 为狭缝弯曲的曲率半径.

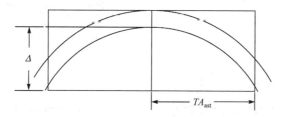

图 5-36　像散引起的狭缝像变宽示意图

彗差是非对称像差,它严重地影响分辨率或单色性,应设法消除. 如果入射光束和衍射光束等宽度,即相当于工作在零级或自准直位置,由彗差系数的表示式(5.8.1b)可见,仅需 $i_p$ 异号即可消除,或者相当于两反射镜的"离轴量"为等值异号即可消除. 如图 5-37 所示的两反射镜的"之"字形排列,即为彗差相消的结构. 这种结构也可以看作是以 $OO'$ 为轴的对称排列的系统,彗差当然是相消的. 这个问题也可以这样来理解:$A$ 点成像在 $A'$,一条路经 $ABCA'$,另一条路经 $AB'C'A'$. $AB$、$A'C$ 是短路,$AB'$、$CA'$ 是长路,故 $ABCA'$ 和 $AB'C'A'$ 两路的路程是一样的,显然可以消像差. 同理,如图 5-38 所排列的形式,则为彗差相加型装置,这种装置的光路是两短路在一起和两长路在一起,所以彗差是不能相消的.

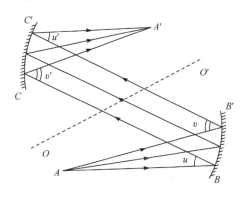

图 5-37　消彗差装置

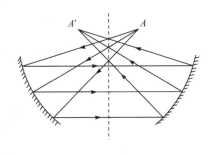

图 5-38　彗差相加型装置

图 5-39 中所表示的是一种经常使用的装置,称为采纳-特纳装置,实质上就是把艾伯特装置中的一块大反射镜分成两块小反射镜. 这是一种按"之"字形排列的装置,是彗差相消的类型. 但是因为光栅不用于自准直,又不能用于零级(此时无色散),尽管此种形式展开是"之"字形,且 $r_1 = r_2$、$i_{p1} = i_{p2}$,仍没有完全校正好彗差. 这是由于光束在光栅上的投影宽度不同,因而 $y$ 不同,不能使彗差完全补偿,从而有一定的残留量,而且往往这种残留量还是较大的,会影响整个仪器的质量,下面讨论一下减少这种残留量的方法.

因为入射光束与衍射光束宽度之比是

$$\frac{y_1}{y_2} = \frac{\cos\alpha}{\cos\beta} \tag{5.8.3}$$

故彗差残留为

$$\frac{2y_1^3}{r_1^2}i_{p_1} - \frac{2y_2^3}{r_2^2}i_{p_2} \neq 0 \tag{5.8.4}$$

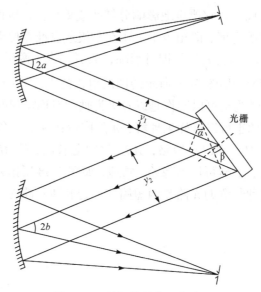

图 5-39　采纳-特纳装置光路图

即

$$\frac{2y_2^3}{r_1^2}\cdot\frac{\cos^3\alpha}{\cos^3\beta}i_{p_1}-\frac{2y_2^3}{r_2^2}i_{p_2}\neq0 \tag{5.8.5}$$

要想对某一中间波长消彗差，便要求(5.8.5)式为 0，即

$$\frac{i_{p_1}\cos^3\alpha}{r_1^2}=\frac{i_{p_2}\cos^3\beta}{r_2^2} \tag{5.8.6}$$

这样有两种方法可以消彗差，一种是令

$$i_{p_1}\cos^3\alpha=i_{p_2}\cos^3\beta \tag{5.8.7}$$

仍保持

$$r_1=r_2 \tag{5.8.8}$$

此时即需

$$\frac{i_{p_1}}{i_{p_2}}=\frac{\cos^3\beta}{\cos^3\alpha} \tag{5.8.9}$$

这种要求是使离轴角 $2a$、$2b$ 发生变化以达到校正残留彗差的目的，此种装置如图 5-40 所示．这种改变离轴角而保持 $r$ 不变的做法，实际上是使物与像的高度发生改变，以产生不同的影响来补偿孔径不同产生的影响，而达到目的的.

另一种校正残留彗差的方法是使

$$\frac{\cos^3 \alpha}{r_1^2} = \frac{\cos^3 \beta}{r_2^2} \qquad (5.8.10)$$

而保持

$$i_{p_1} = i_{p_2} \qquad (5.8.11)$$

这种方案是通过半径不等因而焦距不等来调整相对孔径,以达到校正残留彗差的目的. 此种情况下,离轴角实际上也是有改变的,需作一些必要的校正. 这种装置的结构如图 5-41 所示.

以上两种校正情况,第二种结果比第一种结果更好些. 但是这些校正残留彗差的方法还是只能对某一波长进行校正,对其余的波长,由于需校正的孔径比不同,还会有一定量的残留值.

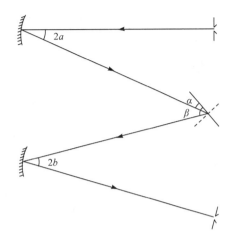

图 5-40　改变离轴角校正残留彗差的采纳-特纳装置

对像散与场曲的平衡需作统一的考虑. 例如,我们希望谱面平直,以期在平的干板上得到清晰的谱线像,此时便需 $3S_{\mathrm{III}} + S_{\mathrm{IV}} = 0$. 这样对整个系统的孔径光阑,即光栅的位置有一定的要求. 当光栅在球心时,有

$$S_{\mathrm{I}} = \frac{2y^4}{r^3} \qquad (5.8.12a)$$

$$S_{\mathrm{II}} = S_{\mathrm{III}} = 0 \qquad (5.8.12b)$$

$$S_{\mathrm{IV}} = j^2 \frac{n'-n}{nn'r} = -j^2 \frac{2}{r} = \frac{-2y^2 u_{\mathrm{p}}^2}{r} \qquad (5.8.12c)$$

式中的符号意义如图 5-42 所示. 此时,谱面在以球面中心 $C$ 为中心、以球面半径的一半即 $r/2$ 为半径的球面上,即谱面是弯曲的.

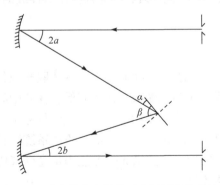

图 5-41　改变曲率半径校正残留彗差的采纳-特纳装置

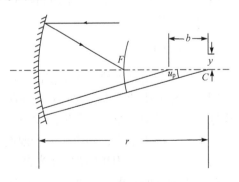

图 5-42　光阑位置(即光栅)平移示意图

要使谱面为平面,需移动光阑位置. 设光栅从球心移向反射镜面距离 $b$,以使 $S_{\mathrm{III}}^{*}$ 具有某值而满足子午焦面为平面的条件 $3S_{\mathrm{III}}^{*}+S_{\mathrm{IV}}^{*}=0$. 根据光阑移动像差变化的公式,有

$$S_{\mathrm{III}}^{*}=S_{\mathrm{III}}+2AS_{\mathrm{II}}+A^{2}S_{\mathrm{I}} \tag{5.8.13}$$

$$A=\frac{\Delta y}{y}=\frac{bu_{\mathrm{p}}}{y} \tag{5.8.14}$$

所以

$$S_{\mathrm{III}}^{*}=0+0+\frac{b^{2}u_{\mathrm{p}}^{2}}{y^{2}}\times2\frac{y^{4}}{r^{3}}=\frac{2b^{2}u_{\mathrm{p}}^{2}y^{2}}{r^{3}} \tag{5.8.15}$$

而

$$S_{\mathrm{IV}}^{*}=S_{\mathrm{IV}}=-\frac{2y^{2}u_{\mathrm{p}}^{2}}{r} \tag{5.8.16}$$

要求

$$3S_{\mathrm{III}}^{*}+S_{\mathrm{IV}}^{*}=\frac{6b^{2}u_{\mathrm{p}}^{2}y^{2}}{r^{3}}-\frac{2y^{2}u_{\mathrm{p}}^{2}}{r}=0 \tag{5.8.17}$$

所以

$$\frac{3b^{2}}{r^{2}}=1,\quad b=\frac{r}{\sqrt{3}} \tag{5.8.18}$$

在从球面镜顶点量度的距离为下式处放置光栅时:

$$r-b=\left(1-1/\sqrt{3}\right)r=0.423r=0.845f \tag{5.8.19}$$

可得到平的谱面,即光栅位于谱面附近为好. 一般光栅装置中光栅都是这样放的,装置的结构也较紧凑.

### 5.8.3  照明系统

为定量分析之需要,光谱仪的狭缝应被均匀照明. 我们经常又有选取光源的不同部分作分析的需求,此时应该在照明系统中将光源成一次中间像,在此中间像处,置一场阑来控制光源像的大小,以使光源上的不同部分进入光谱仪器中.

对于光栅光谱仪,则应保证光栅面照明均匀. 这一点是光谱仪照明系统所特有的要求. 其余如照明系统应使光谱仪所需要的光管充满光,即能满足光谱仪传递拉氏不变量的要求,与其他光学仪器并无不同.

为保持狭缝照明均匀,并能在中间成光源像的一种装置如图 5-43 所示. 光源

a经透镜 b 成像在场镜 a′上. 在此处加一场阑, 便可选择光源上不同的部分作分析. 然后经过场镜 b′成像在光谱仪的入瞳上, 它可以是光谱仪的准直镜, 也可以是色散元件. 这样, 如果光源是不均匀的, 则在光谱仪的入瞳上照明也是不均匀的. 此种装置的狭缝 b′处是透镜 b 的像, 所以狭缝照明是均匀的. 光谱仪的入瞳上是光谱仪光源的像, 而光源像必须充满入瞳以发挥光谱仪的功能. 但在选择光源上不同部分作分析时便难以照明光谱仪的整个入瞳, 也就难以发挥光谱仪的功能, 如谱线会展宽, 使分辨本领下降.

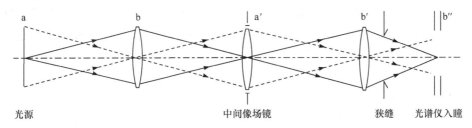

图 5-43　均匀照明光谱仪入射狭缝的光学原理图

　　为使光谱仪的入射光瞳处照明均匀, 则往往把光源成像在狭缝上, 这种配置如图 5-44 所示. 光源 a 经透镜 b 成像在狭缝 a′处, 透镜 b 则经狭缝 a′处的场镜成像在光谱仪的入瞳上. 这样入瞳上的照明是均匀的. 由于是将光源成像在狭缝上, 如光源不是均匀的, 则此处光强也是不均匀的, 可能有些点是暗的, 有些点是亮的, 但比前法的情况强得多, 在前法中则是取的平均亮度.

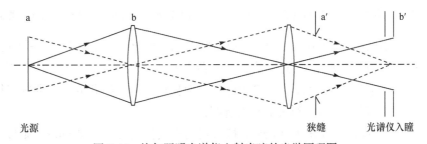

图 5-44　均匀照明光谱仪入射光瞳的光学原理图

　　光谱仪照明系统的基本问题是能量传递和谱线亮度(像面照度), 我们已经知道, 能量传递只与光谱仪成像系统所决定的拉氏不变量及光源的本征亮度有关. 照明系统只能使之有所损失而不能使之加强. 但是光谱仪的拉氏不变量还有一特性, 即它在狭缝的宽度方向是由它的波长分辨能力(光谱纯度)所决定的. 狭缝宽度由分辨角 $\theta$ 所决定, 而分辨角 $\theta$ 又由通光直径所决定, 即由 $D \times \theta = \lambda$ 决定, 所以加大通光直径而不使狭缝变窄, 就意味着本可达到的分辨能力的损失, 一般而言, 光谱纯度的损失可使拉氏不变量(即通光量)加大. 至于谱线亮度即像面照度, 则由照相物镜的相对孔径决定, 但增大相对孔径是要以光谱纯度的损失为代价的. 在实用中，若光源亮度受限制(如拉曼光谱、远星云的星体光谱)，则要求照相物镜加大相对孔径，以满足谱线亮度的要求.

对光电记录光谱装备而言，狭缝面积(狭缝长×狭缝宽)加大可使接收到的总能量增加，从而提高仪器的灵敏度. 但是宽度加大要牺牲仪器的分辨能力，所以往往由增大狭缝高度达到这一目的.

长狭缝时，为使能量全部落到接收器上，需要增加其他的光学元件，图 5-45 中 S 为出射狭缝，R 为接收器. 狭缝中心点的成像光束 M 通过狭缝后正好充满接收器 R 的接收面，而边缘光束 A 及 B 则不能进入接收器，故需在出射狭缝处加一场镜. 该场镜需将光谱仪的出射光瞳成像在接收器 R 上，如图 5-46 所示，这样场镜将原来的边缘光束 A 偏转折射在接收器 R 上.

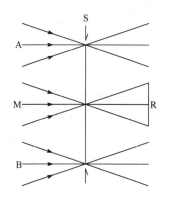

图 5-45　长狭缝光线难以直接完全被接收

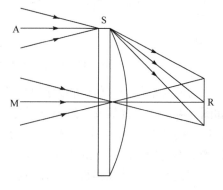

图 5-46　场镜收集长狭缝出射光束光路

一般光谱仪的光瞳位置较远，所以接收器到出射狭缝的距离即为场镜的焦距. 这一焦距不能取得过长，因过长会使接收器 R 离出射狭缝较远，因而中心点光束的扩散会超出接收器的面积. 而希望能量多时要用长的出射狭缝，即要求场镜的口径大，因此需要场镜有很大的相对孔径.

例如，光束的孔径角为 0.1 rad，接收器的有效接收尺寸为 $\phi$10 mm，则接收器到出射狭缝距离为 10 mm/0.1=100 mm，取为 90 mm. 若狭缝增长为 120 mm，则场镜的相对孔径为 120/90=1 : 0.75，这样的大相对孔径不大好实现. 我们往往选用分段的办法来实现，如图 5-47 所示. 可以用实际的光线计算来确定每一个小单元的半径. 这样，可以通过加大边缘组元的半径来减小球差. 同时，由于狭缝很窄，这种分段的方法更容易实现.

光谱仪器的能量问题很重要，要注意减少反射损失，提高系统的透过率. 在棱镜摄谱仪中，棱镜底部有较大的吸收，吸收太大时会明显地影响谱线宽度. 例如，透过率为 0.25 时，谱线增宽 20%左右. 故在吸收率大时，不如减小底边长度.

在光源光能的利用上，也要尽可能地利用更多的光能，如图 5-48 中那样，可在光源后放置一块反光镜，使光源后向发出的光能仍能反射回去，得到利用. 还可以利用柱面透镜提高像面照度等办法来改善光谱仪器的光度性能.

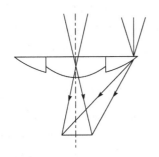

图 5-47 分段场镜收集长狭缝出射光束光路 　图 5-48 光源的球面反射碗

# 5.9 光谱仪器的光学总体问题

### 5.9.1 双光束红外分光光度计简介

我们以国内曾经试制生产过的双光束自动记录红外分光光度计为例，说明在设计这类仪器时需要考虑的光学总体问题.

图 5-49 是双光束红外分光光度计的结构简图. 图中 $S_0$ 为光源，一般用能斯特 (Nernst) 光源，它在近红外区有较高的辐射强度. 它发出的光束被两对球面镜 $M_1$、$M_3$ 和 $M_2$、$M_4$ 分成两路. 一路经过比较吸收池 $C_2$、减光器 W、平面镜 $M_6$ 和 $M_8$，另一路经过样品吸收池 $C_1$、平面镜 $M_5$ 和扇形镜 $M_7$. 通过扇形镜 $M_7$ 的不断旋转，两路光束轮流交替地通过椭圆镜 $M_9$、平面镜 $M_{10}$，而进入仪器的分光系统. 经过分光系

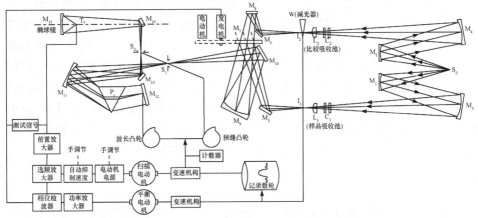

图 5-49 双光束红外分光光度计的结构简图

统后的光束由出射狭缝 $S_2$ 射出，再经平面反射镜 $M_{14}$、椭球镜 $M_{15}$，最后聚焦在辐射探测器的接收面 $T_c$ 上. 接收器一般用真空热电偶探测器. 该分光计的单色器采用利特罗装置，$S_1$ 为入射狭缝，$Pr$ 为色散棱镜，$M_{11}$ 兼作准直镜和成像物镜.

这种仪器采用双光束光学零点平衡法的工作原理，即从同一红外光源发出强度相等的两束光，一束光经过被测样品，另一束光经过比较样品，两路光束经过转动的扇形镜调制，以 10 周每秒的频率轮流交替地进入分光光度计部分. 如果两路光束强度相等，探测器输出的交流电信号为零，如果两路光束强度出现微小差别，探测器立即出现一定大小的交流电信号，经过电学系统的放大和检波，该信号驱动伺服电机，带动一个减光器(光楔)改变比较光路中光束的光强度，使两路光强保持相等而达到平衡. 在光楔移动过程中，记录笔作相应移动，绘出样品透过率的数值. 记录鼓同时作匀速转动，改变波长位置. 最后在记录带上得到以波长为横坐标、以透过率为纵坐标的样品吸收光谱曲线图.

实际生产的红外分光光度计中，分光元件大都不用光栅. 这是由于这类仪器使用波段范围较宽，波长重叠很厉害. 但是，为了满足高分辨要求，使用光栅还是必须的. 光栅刻划宽度为 10 mm，刻线密度为 600 Lp/mm，光栅用在一级光谱时即有分辨率本领 $R = mN = 600 \text{ Lp/mm} \times 10 \text{ mm} = 6000$；而用棱镜作色散元件，底边长 $t = 50 \text{ mm}$，$\Delta\lambda = 0.2\mu m$，$\Delta n = 0.02$ 时，$R = t\Delta n / \Delta\lambda = 50 \text{ mm} \times 0.02 / 0.2 \text{ } \mu m = 5000$. 将光栅用于这类仪器中，须联用滤光片或棱镜光谱仪，以解决叠级问题.

由于没有适用于整个光谱波段的折射材料，光学系统多数使用反射面. 单色仪光学系统常为自准式的，以增加色散和使结构紧凑，利用一块离轴抛物反射面兼作平行光管和照相成像物镜. 棱镜则常随使用波长范围的不同而可调换.

为了适应仪器工作的需要，记录速度也常是能自动变更的. 当无吸收峰时快速通过，吸收峰多时则慢速测定.

这种仪器的主要缺点是信号强度弱，接收器输出的电流与噪声同数量级.

下面讨论一下这类仪器在总体设计中需考虑的一些问题. 这类仪器除波长范围等的一般要求外，其主要的指标要求是分辨能力和信噪比. 分辨能力直接影响光谱纯度，影响信息量的传递. 信噪比则不仅直接关系到分光光度计中所记录的透过率的随机误差大小，还与分辨能力、记录速度有密切关系，即还与信息的传递速度有关. 所以这些问题是在总体设计时必须首先和经常要考虑的. 同时根据这些要求，便可提出整个系统中的主要光学元件的参数和要求. 下面分别讨论这些要求受哪些因素影响以及如何由它们确定系统的参数.

**5.9.2  分辨能力**

限制这类仪器分辨能力的因素可以分为两类：一类是色散元件及光学系统的物理光学和几何光学方面的分辨能力极限，如衍射现象、谱线弯曲、光学系统像差和制造误差等，这些因素除了取决于仪器的结构外，只是被测波长的函数，不能由使用者调节改变，在这里称为固有因素；另一类称为可变因素，是可以由使用者选择而可变化的工作条件、工作状态等，包括单色器的狭缝宽度、记录装置的时间常数及记录速度等.

1. 固有因素

这些因素对仪器的分辨宽度(即刚好能分辨的波长或波数间隔)的影响一般包括下列几项.

1) 衍射分辨极限

根据以前的讨论，对于底边长度为 $t$ 的棱镜，其分辨能力为

$$R = \frac{\lambda}{\Delta\lambda} = t\frac{\Delta n}{\Delta\lambda} \tag{5.9.1}$$

有时，以 $\Delta\nu$ 来代替 $\Delta\lambda$，$\nu$ 为辐射频率，由于

$$\Delta\nu = \Delta\left(\frac{1}{\lambda}\right) = \frac{\Delta\lambda}{\lambda^2} \tag{5.9.2}$$

不难得到

$$\Delta\nu = \frac{\lambda}{t\dfrac{\Delta n}{\Delta\lambda}}\left(\frac{1}{\lambda^2}\right) = \frac{\nu}{t\dfrac{\Delta n}{\Delta\lambda}} \tag{5.9.3}$$

在上述光谱仪中，色散棱镜作用两次，故由衍射引起的能分辨的频率宽度为

$$\Delta\nu_1 = \frac{\nu}{2t\dfrac{\Delta n}{\Delta\lambda}} \tag{5.9.4}$$

2) 谱线弯曲的影响

由前面讨论可知，棱镜作为色散元件时，其引起谱线弯曲的矢高为

$$X = \frac{H^2}{4f} \times \frac{n^2-1}{n^2}\tan i \tag{5.9.5}$$

注意这里的 $H$ 是狭缝的全高，如谱线弯曲量 $X$ 不予补偿，则其影响可数倍于衍射分辨极限. 狭缝宽度越小,谱线弯曲对出射光的光谱纯度影响越大. 故通常把狭缝做成弯曲的，以补偿特定波长 $\lambda_0$ 处的谱线弯曲量 $X_0$，在其他波长处，则仍有残留的谱线弯曲.

为了补偿谱线弯曲，将狭缝做成圆弧形，其曲率半径近似为 $r_0$，可得

$$X_0 = \frac{(H/2)^2}{2r_0} \tag{5.9.6a}$$

$$r_0 = \frac{H^2}{8X_0} \tag{5.9.6b}$$

这也就是用圆弧近似地代替抛物线. 理论上，对特定波长 $\lambda_0$ 而言，这种补偿也是不完全的. 一般地，选取特定波长 $\lambda_0$ 接近于短波端. 此时，出射光含有其他波长，光谱范围为

$$\Delta \nu_2 = \frac{|X - X_0|}{\mathrm{d}l / \mathrm{d}\nu} \tag{5.9.7}$$

式中 $\mathrm{d}l / \mathrm{d}\nu$ 为单色器的线色散.

3) 光学系统的设计与制造误差

当准直镜是理想的旋转抛物面时，球差完全消除. 入射狭缝与出射狭缝分别在其焦点的两侧，且偏离相同距离，入射光束与出射光束在抛物面上占有相同的部位，则彗差可以抵消. 这样，设计上便不产生什么误差，制造误差可以用平行光束经准直镜后成像的像点直径来描述. 设其误差所形成的像点弥散直径为 $\varepsilon$，则由此引起的频率分散范围为

$$\Delta \nu_3 = \frac{2\varepsilon}{\mathrm{d}l / \mathrm{d}\nu} \tag{5.9.8}$$

其中的系数 2 是由于准直镜作用两次.

4) 棱镜误差

棱镜表面的不平度、材料内部的不均匀性以及前面讨论过的由准直镜本身有误差而引起的棱镜的像差，都会影响仪器的光谱分辨率. 设此种因素影响记为 $\Delta \nu_4$.

5) 光学调整误差

光学装调对仪器质量影响很大，装调得好的仪器，可使实际分辨能力很接近于计算值. 作为合理的公差分配，可以认为光学调整的允许误差与准直镜的工艺公差大致相同. 于是可令光学调整误差引起的频率分散

$$\Delta \nu_5 = \Delta \nu_3 \tag{5.9.9}$$

在良好的单色器中，衍射宽度 $\Delta \nu_1$ 对分辨率起决定性的影响，其他固定因素的分散宽度 $\Delta \nu_2, \Delta \nu_3, \cdots$，均应比 $\Delta \nu_1$ 小一半以下. 这是充分利用棱镜或光栅的必要条件，因为色散元件一般是光学系统中最受工艺水平限制的元件，也是最贵重的元件.

上述各项因素叠加即可求得单色器的固有分辨宽度，在数学上是各项因素的强度分布函数的卷积运算. 但除了衍射的强度分布函数以外，其他各因素的强度分布并不能准确地知道. 为了便于估算，假设这些因素的强度分布有近似相同的形式，则固有分辨宽度 $S_0$ 可由下式求出：

$$S_0^2 = \Delta \nu_1^2 + \left(\frac{1}{2}\Delta \nu_2\right)^2 + \left(\frac{1}{2}\Delta \nu_3\right)^2 + \cdots \tag{5.9.10}$$

**2. 可变因素**

这类仪器中影响分辨率的可变因素主要是狭缝宽度和记录速度.

**1) 狭缝宽度**

入射狭缝和出射狭缝有相同的宽度, 单色光在光谱面上的强度分布呈三角形函数. 其半宽度 $S$ 等于狭缝的机械宽度 $W$ 与单色器色散之商. 对于本装置则有

$$
\begin{aligned}
S &= \frac{W}{2\mathrm{d}l / \mathrm{d}\nu} = \frac{W}{2\mathrm{d}l / \left(\nu^2 \mathrm{d}\lambda\right)} = \frac{W\nu^2}{2\mathrm{d}l / \mathrm{d}\lambda} \\
&= \frac{\nu^2 W}{2\left(\mathrm{d}l / \mathrm{d}n\right) \times \left(\mathrm{d}n / \mathrm{d}\lambda\right)} = \frac{\nu^2 W}{2f\left(\mathrm{d}\delta / \mathrm{d}n\right) \times \left(\mathrm{d}n / \mathrm{d}\lambda\right)} \\
&= \frac{\nu^2}{f} W \frac{\sqrt{1 - n^2 \sin^2 \dfrac{\alpha}{2}}}{4\left(\sin \dfrac{\alpha}{2}\right) \times \left(\mathrm{d}n / \mathrm{d}\lambda\right)}
\end{aligned}
\tag{5.9.11}
$$

$$S = \frac{\nu^2 \cdot n}{4\mathrm{d}n / \mathrm{d}\lambda} \times \left(\frac{W}{f}\right) \times \cot i \tag{5.9.12}$$

当不同频率的单色光的间隔 $\Delta \nu$ 大于狭缝分布函数的半宽度 $S$ 时, 是可以分辨的. 通常所称狭缝函数的宽度即指半宽度 $S$.

如果同时考虑狭缝宽度和固有因素两者的影响, 单色器的有效分辨宽度 $S_f$ 可按以下近似公式计算:

$$S_f^2 = S_0^2 + S^2 \tag{5.9.13}$$

实际上, 当狭缝宽度 $S$ 小于仪器固有分辨宽度 $S_0$ 时, 仪器的有效分辨宽度就很接近于 $S_0$ 而很少变化.

**2) 记录伺服系统的时间常数和记录速度**

设记录伺服系统的时间常数为 $\tau$, 记录速度为

$$\frac{\mathrm{d}\nu}{\mathrm{d}t} = V \tag{5.9.14}$$

沿波数扫描时, 会使记录谱线的重心位置在波数坐标上落后一段距离 $V\tau$. 这种记录的畸变对分光光度计有效分辨宽度的影响可按均方宽度之和得出近似的表示式

$$S_f^2 = S_0^2 + S^2 + kV^2 \tau^2 \tag{5.9.15}$$

### 5.9.3 信号噪声比

信号噪声比(信噪比)是红外分光光度计工作性能的重要标志之一，它不但直接与所记录的透过率的随机误差大小有关，还与分辨能力、记录速度有密切关系.

信号强度可计算如下. 根据普朗克定律，光源的热辐射功率被利用部分为

$$P = \varepsilon \frac{1.18 \times 10^{-12} A\Omega v^3}{e^{1.43v/T} - 1} \Delta v \, (\text{W}) \qquad (5.9.16)$$

其中 $\varepsilon$ 为辐射系数，$A$ 为被利用的光源表面积($\text{cm}^2$)，$\Omega$ 为被利用的辐射能流立体角，$T$ 为光源的绝对温度，$\Delta v$ 为被利用的辐射频率范围($\text{cm}^{-1}$).

照明系统把光源成像在单色器的入射狭缝上，如不计光能在照明系统中的损失，则像的亮度与光源的亮度相等，故(5.9.16)式在狭缝处可直接应用. (5.9.16)式实质上由两部分组成，一部分是光源的本征亮度，另一部分是系统能传递的拉氏不变量 $(A \times \Omega)$，于是总体表示传递的功率.

若狭缝的高为 $H$，宽度为 $W$，则(5.9.16)式中的 $A$ 为

$$A = H \times W \qquad (5.9.17)$$

设棱镜在准直镜上的投影面积为 $a$，则(5.9.16)式中的 $\Omega$ 为

$$\Omega = \frac{a}{f^2} \qquad (5.9.18)$$

而

$$\Delta v = \frac{W}{\mathrm{d}l/\mathrm{d}v} = \frac{W/f}{\mathrm{d}\delta/\mathrm{d}v} \qquad (5.9.19)$$

其中 $\mathrm{d}\delta/\mathrm{d}v$ 为单色器的色散. 以 $\eta$ 表示整个光学系统的透过系数，且用符号 $B(v)$ 表示光源亮度

$$B(v) = \frac{1.18 \times 10^{-12} \varepsilon v^3}{e^{1.43v/T} - 1} \qquad (5.9.20)$$

则辐射探测器所接收的光功率为

$$\eta P = \eta B(v) \frac{\dfrac{Ha}{f} \times \dfrac{W^2}{f^2}}{\dfrac{\mathrm{d}\delta}{\mathrm{d}v}} = \eta B(v) \frac{Ha}{f} \cdot \frac{\mathrm{d}\delta}{\mathrm{d}v} \cdot s^2 \qquad (5.9.21)$$

其中使用了下面的关系式：

$$s = \frac{W}{f} \bigg/ \frac{\mathrm{d}\delta}{\mathrm{d}v} \qquad (5.9.22)$$

设再以 $\mu'$ 表示辐射探测器的灵敏度，即单位功率所产生的信号电压，则信号大小为

$$S = \mu'\eta P = \eta B(\nu)\mu' \cdot \frac{Ha}{f} \cdot \frac{\mathrm{d}\delta}{\mathrm{d}\nu} \cdot s^2 \tag{5.9.23}$$

下面我们再来确定这类仪器的噪声电压. 在正确设计、制造的红外分光光度计中，工作信号的最小极限决定于辐射探测器内阻的热噪声值. 其他部分的噪声，如放大器的噪声等，应通过适当的匹配使之低于此值，这是充分利用辐射探测器性能的必要条件.

辐射探测器内阻热噪声电压的均方根值为

$$N = \left(4kTR\Delta\omega\right)^{1/2} \tag{5.9.24}$$

式中 $k$ 为玻尔兹曼常量，$T$ 为辐射探测器的绝对温度，$R$ 为其内阻，$\Delta\omega = 1/(2\pi\tau)$ 为记录系统的频率宽度.

故信噪比为

$$\frac{S}{N} = \frac{\eta B(\nu)\mu' \dfrac{Ha}{f} \cdot \dfrac{\mathrm{d}\delta}{\mathrm{d}\nu} \cdot s^2}{\left(4kTR\Delta\omega\right)^{1/2}} \tag{5.9.25}$$

把直接表示仪器性能指标的参数归至等号的左边，表示仪器内部结构的参数留在右边，有

$$\left(\frac{1}{s}\right)^2 \frac{S}{N}(\Delta\omega)^{1/2} = \eta B(\nu)\frac{\mu'}{(4kTR)^{1/2}} \cdot \frac{Ha}{f} \cdot \frac{\mathrm{d}\delta}{\mathrm{d}\nu} \tag{5.9.26}$$

或

$$\left(\frac{1}{s}\right)^2 \left(\frac{S}{N}\right)\left(\frac{1}{\tau}\right)^{1/2} = (2\pi)^{1/2} \eta B(\nu)\frac{\mu'}{(4kTR)^{1/2}} \cdot \frac{Ha}{f} \cdot \frac{\mathrm{d}\delta}{\mathrm{d}\nu} \tag{5.9.27}$$

我们由(5.9.15)式可以知道，若要记录式光谱仪的分辨能力好、记录速度快，必须减小狭缝宽度 $s$ 和时间常数 $\tau$. 但由(5.9.27)式看到，这是矛盾的，而且与提高信噪比的要求也是矛盾的.

$1/s$ 正比于仪器沿波数或波长坐标的分辨率，$S/N$ 正比于沿透过率坐标的分辨率，$\Delta\omega$ 或 $1/\tau$ 正比于容许的记录速度. 所以(5.9.26)式或(5.9.27)式可作为对红外分光光度计总性能的衡量，这与我们在前言中所提出的粗略衡量指标是一致的. 如果把光谱仪器看作是传递样品中所含光谱信息的通道，则这三者的乘积是信息传递速率的衡量标志. (5.9.26)式右边则与仪器的结构参数有关，故仪器设计制造者应致力于提高(5.9.26)式右边的乘积，以提高仪器的总性能.

#### 5.9.4 主要光学元件的技术参数

除了前面已经讨论过的色散元件、准直镜等的要求应按仪器固有分辨能力的要求考虑之外，仪器的主要光学元件的技术参数和要求均可从(5.9.27)式导出. 为了使仪器的总性能达到一定的水平，就必须保证(5.9.27)式等号右边的乘积不低于相应之值.

1. 光源亮度 $B(\nu)$

从前面的(5.9.20)式，即

$$B(\nu) = \frac{1.18 \times 10^{-12} \varepsilon \nu^3}{e^{1.43\nu/T} - 1}$$

可知，光源的问题是在一定寿命指标下保证工作温度 $T$ 和在整个使用波长范围内的辐射系数 $\varepsilon$ 有一定值. 一般情况下，辐射系数随使用时间的增加会有所变化.

2. 光学系统的透过系数

这里影响光学系统透过系数 $\eta$ 的因素包括：各反射镜的反射率、棱镜表面的反射损失、棱镜材料的吸收、光栅各级衍射能量分布、滤光装置上的损失、辐射探测器接收光路的光损失及通过各种场镜和窗口的损失等. 一般双光束红外分光光度计的光学透过率只有 10%左右，所以必须考虑和努力提高各部分的光学透过率.

3. 单色器的主要光学参数 $Ha/f$

棱镜或光栅的尺寸受工艺水平的限制，故其在准直镜上的投影面积 $a$ 也有相应的限制，比值 $H/f$ 在这种仪器中一般取决于辐射探测器接收面的高度 $H'$. 因为把出射狭缝成像到接收面上的聚光镜的相对孔径，虽然可以尽量做大，但很难超过 $F/0.8$ 太多，所以当单色器的相对孔径及探测器尺寸选定后，狭缝高度 $H$ 就由拉氏不变量所决定，亦可以是由其扩充的正弦定理所决定.

在孔径角及物高很大时，参见图 5-50，可以直接由角度关系求出

$$\frac{H}{2} \cdot \frac{\sqrt{a}}{2f} = \frac{H'}{2}\sin U' \tag{5.9.28}$$

$$\frac{H\sqrt{a}}{f} = 2H'\sin U' \tag{5.9.29}$$

式中 $U'$ 是狭缝处聚光镜会聚光束在接收器面上的孔径角，$H'$ 则为接收器光敏面尺寸. 当系统采取将光瞳成像在接收器面上的光路时，也有类似的结果.

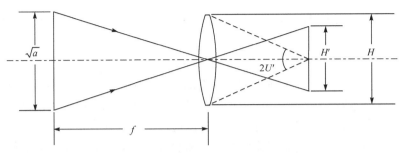

图 5-50　狭缝处聚光镜会聚光束在探测器上的光路示意图

由此可见，在单色器的主要光学参数中，只有色散元件的尺寸对仪器性能起直接作用. 至于焦距和狭缝高度，其本身是多少不是主要的，只要其比例适当即可. 焦距本身有一定的容许变化范围，焦距长些可使某些光学和机械零部件公差相应放宽，但这样会使整个仪器的体积变得更庞大，这里有一个折中选取的问题.

### 4. 辐射探测器的性能参数

将(5.9.29)式代入(5.9.26)式，可得

$$\left(\frac{1}{s}\right)^2 \left(\frac{S}{N}\right)(\Delta f)^{1/2} = \eta B(\nu) \frac{2a^{1/2}\mu'H'\sin U'}{(4kTR)^{1/2}} \cdot \frac{\mathrm{d}\delta}{\mathrm{d}\nu} \tag{5.9.30}$$

式中与探测器性能有关的参数便为

$$\frac{\mu'H'\sin U'}{(4kTR)^{1/2}} \tag{5.9.31}$$

如前所述，探测器应能接受足够大的数值孔径 $\sin U'$，以便与接收光路相适应. 为此对接收器的窗口尺寸和接收面的位置都要提出要求，否则，接收器窗口限制大孔径角光线的进入. 一般这种接收器的灵敏度反比于接收器面积的平方根，所以灵敏度和接收器尺寸之间是有矛盾的. 在选择接收器时应有这两方面的考虑. 接收器的时间常数则希望小. 另外，接收器的内阻 $R$ 与灵敏度有关系，不能片面追求灵敏度而忽视内阻增高所带来的影响，因为内阻越高，噪声就越大，也会影响信噪比.

### 5. 单色器的角色散 $\mathrm{d}\delta/\mathrm{d}\nu$

棱镜装置的角色散取决于棱镜材料、顶角和色散次数. 光栅装置则取决于光栅常数和使用的衍射级次. 用高色散材料，可提高仪器性能，获得较高的分辨率. 棱镜的角色散随顶角增大而增大，但光线的利用率会减小，适宜的顶角应使角色散与光学效率之积为最大. 对于利特罗型棱镜装置，光线两次通过色散棱镜而色

散加大,虽有杂光较多的缺陷,仍获得了广泛的应用. 光栅色散可远大于棱镜,故已经常使用光栅了.

归纳前述各节的内容,可得出限制红外分光光度计性能的各项主要因素为:色散元件限制光学分辨率;辐射探测元件的灵敏度限制记录分辨率,其内阻决定噪声,其响应时间限制最高记录速度;当然,光源本身的亮度等也是起主要作用的. 因此,在确定这些参数的过程中,应该选择一个限制分光光度计性能的参数或部件作为起始点,再考虑其余参数,以求合理的结果,有时这种考虑和计算是需要反复进行的.

# 参 考 文 献

陈愈炽. 1982. 我所光谱仪器研制工作的发展.光学机械, (3): 59-66.

母国光, 战元龄. 1978. 光学. 北京: 人民教育出版社.

唐九华. 1976. 红外分光光度计的性能设计. 光学机械, (2): 7-14.

天津大学. 1980. 光谱仪器学讲义.

王之江. 1959. 光学仪器通论. 中国科学院长春光学精密仪器研究所.

王之江, 薛鸣球. 1963. 论平面光栅单色计的光学质量. 物理学报, 19(11): 705-716.

Candler C. 1951.Modern Interferometer. London: Hilger and Watts, Ltd., Hilger Division.

# 第6章 高速摄影光学

## 6.1 绪 言

高速摄影是以很高的摄影频率来拍摄快速运动目标的技术，是研究瞬时变化现象和高速运动事件的有效方法，它在解决许多现代科学和实际生产问题中得到了广泛应用.

用普通相机拍摄快速运动物体时，即使采用极短的曝光时间，也往往得不到清晰的照片. 其原因是在曝光时间内物体的像在底片上发生了移动，成的像变模糊了.

例如，用焦距 $f=100\ \text{mm}$ 的照相镜头拍摄运动速度为 $100\ \text{km/h}$、距离 $10\ \text{m}$ 处的汽车，使用 $1/1000\ \text{s}$ 曝光时间，则汽车像在曝光时间内在底片上的位移为

$$\frac{100\times10^3\times10^3}{60\times60}\times\frac{1}{1000}\times\frac{0.1}{10}\approx0.3\,(\text{mm})$$

这样的位移量会使照片不清楚，所以我们在用极高的摄影频率摄影时一定要采取各种方法来解决这一问题. 例如，我们可以设法使得像在运动时底片也运动，两者同步运动，犹如把快速运动物体的像冻结在底片上一样.

为了分析研究目标快速运动的过程，还要求得到一系列不同时刻的连续画幅. 因此，为分析和考察迅变过程而发展的高速摄影，第一步要求是得到快速现象的正确形象，这就需要在极短的曝光时间内摄影，现在能得到的时间分隔为 $10^{-12}\ \text{s}$ 左右. 进一步则要求连续地进行整个过程的照相，以便能如电影放映那样重现原来的高速事件. 高速摄影所获得的一系列画幅，既具有二维的空间信息，又具有时间信息.

如果我们以 $F$ 幅/秒(f/s)的摄影频率拍摄某一快速变化的事件，并以 $F_p$(f/s) 的频率来放映，则得到 $F/F_p$ 的时间放大，也就是说，我们把快速变化的过程放慢了 $F/F_p$ 倍放映展示. 光机式高速摄影的摄影频率已达到 $10^9$ f/s 或更高，单幅曝光时间为 $1.25\times10^{-10}\ \text{s}$ 左右，扫描相机的时间分辨率已达到 $5\times10^{-13}\ \text{s}$ 左右(即在这个时间间隔内的物体变化能在底片上清楚分辨)，由于技术上的困难，速度越高，能拍摄的照片也就越少. 同时，在实际使用上也没有这种必要.

在这方面，我们可以将它和显微镜的观察进行比较，显微镜在低倍观察时能看到的视场大，而在高倍观察时能看到的视场小．人们原来的认识能力既不能感知时间方面的急剧变化，也不能感知空间方面的急剧变化，为使这种变化成为人眼所能接收的时间和空间变化，就发展为高速摄影术和显微术．人们对事物的考察总是由粗略观察开始，再由这种观察而挑选出一部分作更精细的观察，按这种方式进行时，高倍观察不需要大视场，而高速观察也不需要长时间．当然仪器设计者应力求高倍率观察时能有大视场，而当高速观察时能有长时间，以求使用更加方便且效率更高．

## 6.2　高速摄影的种类

对于高速摄影机，通常以摄影频率的高低作为分类的依据．一般把摄影频率为 24～300 f/s 的称作低高速摄影，摄影频率为 300～10000 f/s 的称作中高速摄影，摄影频率为 $10^4$～$3\times10^5$ f/s 的称作高速摄影，摄影频率超过 $3\times10^5$ f/s 的称作超高速摄影．

若根据实现高速摄影所用的不同机构来分类，则高速摄影机主要分为间歇式高速摄影机、棱镜补偿式高速摄影机、转镜式高速摄影机、变像管高速摄影机、高速数字摄影机以及全息高速摄影机等类型．

间歇式高速摄影机的间歇运动是靠抓片机构来完成的，这种机构 1 s 内做上百次往复运动，每往复一次照一张相，从而实现高速摄影，在画面曝光时间内，在片门位置上的底片静止不动．

棱镜补偿式高速摄影机是一种底片做连续运动、目标的像靠旋转多面体棱镜产生移动并与底片移动的方向和速率一致，从而使底片与图像之间无相对移动的补偿式高速摄影机．图 6-1 是这种高速摄影机的原理图．图中 1 是供片轴，把待摄的底片装在此轴上；2 是输片齿轮，其齿与底片两旁的片孔相啮合，当输片齿

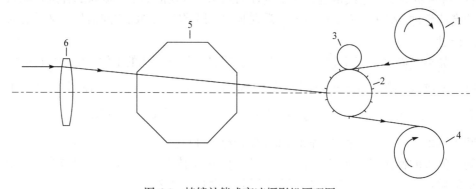

图 6-1　棱镜补偿式高速摄影机原理图

轮 2 转动时即驱动底片；3 是压片轮，其作用是保证输片齿轮的齿与片孔相啮合；4 是收片轮，将拍过的底片收入片盒；5 是旋转多面体棱镜，当棱镜转动时，底片上的图像以与底片同方向作同步移动；6 则是高速摄影机的摄影物镜. 以旋转棱镜作光学补偿器的高速摄影机是补偿式摄影机中最简单、最普通的一种，此种补偿方法的优点是结构简单、像质能满足要求、工作频率较宽，也比较轻便.

　　转镜式高速摄影机在高速摄影机中占有重要的地位，并已得到广泛的应用. 它的基本原理如图 6-2 所示. 被摄物 $A$ 通过物镜 $L_1$，在狭缝平面 P 上成像 $A'$，狭缝上的刀口切取像 $A'$ 中的一部分，然后通过投影物镜 $L_2$ 再次成像. 在靠近投影物镜的光路中放入旋转反射镜 M，光线被 M 反射后聚焦成像 $A''$ 在底片 S 上，当 M 旋转时，像 $A''$ 就在底片 S 上扫描，扫描的轨迹是一个圆柱面. 对于这种转镜相机，1939 年米勒设计了一种能连续记录二维像的独特分幅系统，常称作转镜分幅相机，其基本原理如图 6-3 所示.

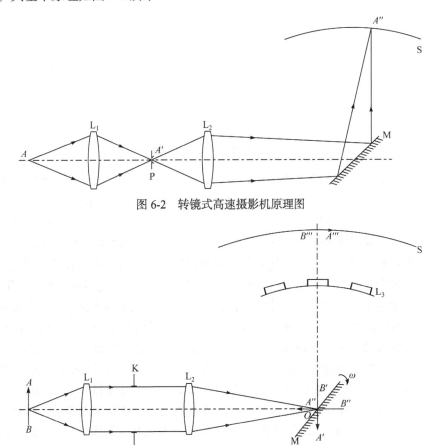

图 6-2　转镜式高速摄影机原理图

图 6-3　转镜分幅相机原理图

被摄物体 AB 通过由 L₁、L₂ 组成的物镜组，成像 $A'B'$ 于转镜 M 的转轴 $O$ 附近. 由于镜面的反射作用，$A'B'$ 转换反射像 $A''B''$ 后继续被阵列小透镜 L₃ 成像 $A'''B'''$ 于底片 S 上. 阵列小透镜 L₃ 排列于以 $O$ 为圆心的圆弧上，底片 S 也是安装于以 $O$ 为圆心的圆弧上，不过两个圆的曲率半径不同. 当转动反射镜时，像 $A''B''$ 通过阵列小透镜 L₃ 依次在底片上成一系列的像. 如果转镜以极高的角速度 $\omega$ 转动，则能记录被摄目标在某瞬时的空间二维图像. 位于透镜组 L₁、L₂ 之间的光阑 K 被透镜 L₂ 和反射镜 M 成像在小透镜 L₃ 附近，在此处设置共轭光阑 K₁，当转动反射镜 M 时，光阑 K 的像也在小透镜 L₃ 的表面附近扫描. 因为每个小透镜 L₃ 前面均安置小光阑 K₁，当 K 的像对准每一个小透镜 L₃ 前的光阑 K₁ 时，就可让与这个小透镜所对应的底片部分曝光.

前述的各类相机属于光机快门类的高速摄影机. 另一类是属于光电快门类的相机，我们称之为变像管高速摄影机. 此类相机的基本原理如图 6-4 所示.

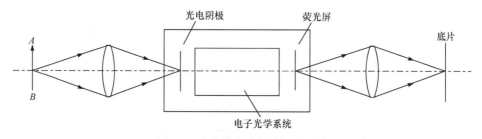

图 6-4　变像管高速摄影机原理图

被摄物体由摄影物镜成像在光电阴极上，光电阴极、电子光学系统以及荧光屏密封在玻璃壳体内，是一种电真空器件，称作变像管. 在光电阴极上，光学像转换成电子图像，电子图像通过电子光学系统聚焦在变像管的另一端荧光屏上，在屏上再成一幅可见光图像. 变像管后面可以放一个照相物镜，把荧光屏上的像记录在底片上，或不加物镜，把照相底片通过纤维面板直接耦合在荧光屏上. 如果加到变像管上的电压是连续的，光电阴极所接收的影像也连续成像在荧光屏上. 但如果所加电压是一个瞬时脉冲电压，就可以获得一幅瞬时图像. 在电子光学系统中加入偏转系统，并用多脉冲间断地打开电子光学成像系统，就可以获得不同瞬时的多幅图像，从而实现多幅高速摄影. 如果在光电阴极前加入一个狭缝，利用电子光学系统中的偏转方法，即可实现狭缝像的扫描，获得扫描相机的图像.

上述四种高速摄影机是主要的类型，其余根据成像机理和测试要求的不同，还有光学克尔盒高速摄影机、脉冲照明高速摄影机、全息高速摄影机、网格式高速摄影机、数字高速摄影机等. 同时还在不断探求新的高速摄影方法. 与光机式高速摄影相比，基于 CCD 或 CMOS 记录介质的数字高速摄影在图像实时记录、实时传输、实时显示、实时分析和处理方面优势明显. 然而，作为了解高速摄影的入门，下面着重介绍棱镜补偿相机的光学问题，然后简要讨论其余各种类型高速摄影技术中的光学问题．

# 6.3　棱镜补偿相机中的棱镜

棱镜补偿相机中的旋转棱镜是这类相机中光学问题的核心，下面对旋转棱镜作计算和分析．

旋转棱镜是置于光学系统出瞳和成像平面之间的一块高速旋转的、对应平面平行的玻璃柱棱镜．我们知道，当一块玻璃平板插入光路时，像点将发生沿轴方向和垂轴方向的位移，其位移量均是棱镜倾斜角的函数．

考虑初级近似时，轴向位移量与旋转角无关，而垂轴位移量与旋转角的一次方成比例，因此，当玻璃平板旋转时，亦即改变平板与光轴的倾斜角时，像将在胶片平面内移动．当像的转动速度与胶片移动速度相等时，便实现了光学补偿．

在这种情况下，令物体的像在感光胶片上即可得到清晰的像．设棱镜的旋转角速度为 $\omega$ (rad/s)，棱镜的面数为 $Z$，则由于棱镜转过一个面，就得一个画幅，所以此时的拍摄频率 $\nu$ 为

$$\nu = \frac{Z}{2\pi} \times \omega \tag{6.3.1}$$

由于 $Z$ 与 $2\pi$ 为定值，因此摄影频率的稳定性完全由棱镜旋转角速度的稳定性决定．

### 6.3.1　经棱镜后的像点坐标变化

设棱镜放在无像差光学系统的光路中，我们讨论其引起的像点坐标变化，系统地研究棱镜旋转特性、设计计算方法及像差和聚焦等问题．同时，通过这些讨论来考虑棱镜厚度、折射率及最大补偿角等的选择．

在图 6-5 中，画出了光线经过棱镜后的光路图．我们假定轴上一点经过棱镜前的无像差像位于 $S_1'$．

以无像差像 $S_1'$ 为原点建立坐标系，$x$ 轴为光轴方向，$y$ 轴向下，是胶片的移动方向．$S_1'$ 是两条光线的交点，一条是沿光轴方向的光线 $S_0$，另一条是具有像方半孔径角 $U'$ 的光线 $S_{U'}$．插入棱镜后，这两条光线相交于 $S_2'$．从 $S_2'$ 作 $x$ 轴的垂线，垂足为 $B$．光线 $S_0$ 及光线 $S_{U'}$ 在棱镜第一面的入射点分别为 $M$ 及 $P$，在第二面的出射点分别为 $N$ 及 $Q$．光线 $S_{U'}$ 的延长线交 $BS_2'$ 于 $C$，从 $C$ 作 $QS_2'$ 的垂线交 $QS_2'$ 于 $A$．光线 $S_0$ 对于棱镜的入射角，就是棱镜离开垂直位置的转角 $\varphi$，光线 $S_{U'}$ 的入射角则为 $\varphi_{U'}$．设棱镜厚度为 $T$，折射率为 $n$，则经平行平板后的像点在垂轴方向的位移为

$$y = \overline{MN} \sin(\varphi - \varphi') = T \frac{\sin(\varphi - \varphi')}{\cos \varphi'} \tag{6.3.2}$$

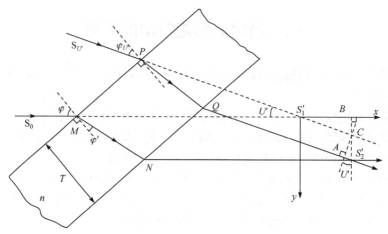

图 6-5　会聚光束光线经过棱镜的光路图

考虑到折射定律 $n \sin \varphi' = \sin \varphi$ ，则

$$y = T \sin \varphi \left[ 1 - \frac{\cos \varphi}{\left( n^2 - \sin^2 \varphi \right)^{1/2}} \right] \tag{6.3.3}$$

$$y = T \left[ \sin \varphi - \frac{\sin 2\varphi}{2 \left( n^2 - \sin^2 \varphi \right)^{1/2}} \right] \tag{6.3.4}$$

对于光线 $S_{U'}$ ，垂轴方向的位移则为

$$y_{U'} = T \left[ \sin \varphi_{U'} - \frac{\sin 2\varphi_{U'}}{2 \left( n^2 - \sin^2 \varphi_{U'} \right)^{1/2}} \right] \tag{6.3.5}$$

这里 $y_{U'}$ 是入射角为 $\varphi_{U'}$ 的光线 $S_{U'}$ 与经过平行平板折射后折射光线之间的垂直距离.

下面来求轴向位移 $x$ ，在图 6-5 中， $\angle CAS_2' = 90°, \overline{CA} = y_{U'}, \angle ACS_2' = U'$ ，所以

$$\overline{CS_2'} = \frac{y_{U'}}{\cos U'} \quad \overline{CB} = y - \frac{y_{U'}}{\cos U'} \tag{6.3.6}$$

在 $\triangle CBS_1'$ 中， $\angle BS_1'C = U'$ ，故

$$x = \frac{\overline{CB}}{\tan U'} = \frac{y}{\tan U'} - \frac{y_{U'}}{\sin U'} = \frac{y \cos U' - y_{U'}}{\sin U'} \tag{6.3.7}$$

将 $y$、$y_{U'}$ 的表达式(6.3.4)式和(6.3.5)式代入(6.3.7)式，且注意到 $\varphi_{U'} = \varphi - U'$，于是有

$$x = \frac{T\cos U'}{\sin U'}\left[\sin\varphi - \frac{\sin 2\varphi}{2\left(n^2 - \sin^2\varphi\right)^{1/2}}\right]$$

$$-\frac{T}{\sin U'}\left\{\sin\left(\varphi - U'\right) - \frac{\sin 2\left(\varphi - U'\right)}{2\left[n^2 - \sin^2\left(\varphi - U'\right)\right]^{1/2}}\right\} \tag{6.3.8}$$

(6.3.4)式和(6.3.8)式就是像点 $S_2'$ 的坐标$(x, y)$方程，随着棱镜的旋转，我们就可以得到像点的运动轨迹. 图 6-6 中画出了 $x$、$y$ 与棱镜转角 $\varphi$ 的关系，其中纵坐标代表 $x$、$y$，它们以棱镜厚度 $T$ 为单位，棱镜的折射率取 1.52，入射到棱镜的光束来自前面的物镜，物镜的相对孔径取 $F/2.8$.

图 6-7 则为 $x$、$y$ 的对应关系图，其中物镜的相对孔径分别取为 $F/2.8$ 和 $F/5.6$.

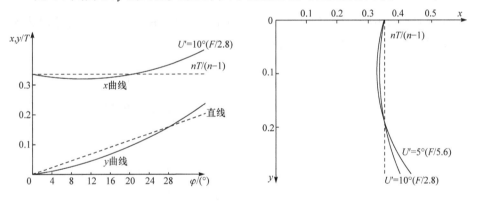

图 6-6　像点位移量随棱镜转角的变化曲线　　图 6-7　通过棱镜后低点像点轴向 $x$ 和横向 $y$ 位移量的关系曲线

### 6.3.2　像点的位移速度

(6.3.4)式为斜平板引起的 $y$ 方向的像点位移，我们对其微分，即得像点的位移速度(像移速度)

$$\frac{\mathrm{d}y}{\mathrm{d}t} = T\left[\cos\varphi - \frac{4\left(n^2 - \sin^2\varphi\right)\cos 2\varphi + \sin^2 2\varphi}{4\left(n^2 - \sin^2\varphi\right)^{3/2}}\right] \cdot \frac{\mathrm{d}\varphi}{\mathrm{d}t} \tag{6.3.9}$$

式中 $\mathrm{d}\varphi / \mathrm{d}t = \omega$，是转镜的旋转角速度.

从(6.3.4)式和(6.3.9)式可以看到，位移和速度都与棱镜的厚度成正比，而与棱镜折射率和转角的关系则不易一下看出，我们可以通过计算，作出曲线来讨论.

当棱镜转角 $\varphi = 0°$ 时，由(6.3.9)式得到像移速度为

$$\frac{\mathrm{d}y}{\mathrm{d}t} = T\frac{n-1}{n} \cdot \omega \qquad (6.3.10)$$

我们取 $\varphi = 0°$ 时的像移速度为单位速度，显然，任意时刻(也就是任意转角 $\varphi$)的像移速度为(6.3.9)式与(6.3.10)式之比，即相对于 $\varphi = 0°$ 时的速度

$$V_{相对} = \frac{V(\varphi)}{V(0°)} = \frac{(\mathrm{d}y/\mathrm{d}t)_{\varphi=\varphi}}{(\mathrm{d}y/\mathrm{d}t)_{\varphi=0°}}$$

$$V_{相对} = \frac{n}{n-1}\left[\cos\varphi - \frac{4\left(n^2-\sin^2\varphi\right)\cos2\varphi + \sin^2 2\varphi}{4\left(n^2-\sin^2\varphi\right)^{3/2}}\right] \qquad (6.3.11)$$

我们取具有不同折射率的棱镜材料，对于 $\varphi = 0° \sim 36°$，由(6.3.11)式作出相对位移速度曲线，如图 6-8 所示，从曲线可以看出：

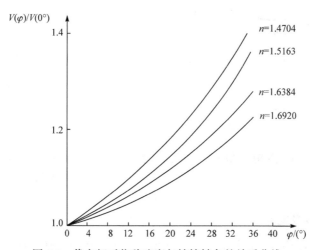

图 6-8　像点相对位移速度与棱镜转角的关系曲线

(1) 相对位移速度随棱镜转角的增大而迅速增大，欲与匀速运动的胶片相补偿，只是在较小的转角范围内才可能，此时相对位移速度接近线性. 我们知道，棱镜旋转所造成的像点模糊是由于胶片和像移的速度不同导致在曝光时间内两者产生了相对位移. 像和胶片位移的非线性关系表示在图 6-6 的位移曲线中.

$$\Delta y = \int_{t_1}^{t_2} \left( V_{像} - V \right) \mathrm{d}t \tag{6.3.12}$$

(2) 在相同转角下，例如 $\varphi = 10°$，像移的相对速度随着棱镜折射率的增大而减小，也就是说，高折射率棱镜引起的像与胶片的相对位移较小，因此高折射率材料是有利的. 表 6-1 中列出了 $\varphi = 10°$ 时各折射率 $n$ 值对应的像移速度增加百分数.

表 6-1　棱镜转角为 10° 时像移速度增加百分数随棱镜折射率 $n$ 值的变化

| $n$ | 1.5163 | 1.5724 | 1.6384 | 1.6920 | 1.74385 | 1.78835 | 1.8015 |
|---|---|---|---|---|---|---|---|
| $\Delta \bar{V}$ | 3.50% | 3.25% | 2.98% | 2.78% | 2.60% | 2.46% | 2.42% |

(3) 在相同速度允许变化范围内(如过 1.02 作一条横线)，折射率越大，它允许的棱镜转角 $\varphi$ 越大，也即允许的曝光角越大. 设允许最大转角为 $\varphi_{极大}$，补偿时间为 $t$，则由于允许曝光角为允许棱镜转角 $\varphi$ 的两倍，故根据(6.3.1)式，可得

$$t = \frac{2\varphi_{极大}}{\omega} = \frac{2\varphi_{极大}}{2\pi\nu / Z} = \frac{Z\varphi_{极大}}{\pi\nu} \tag{6.3.13}$$

此式表示补偿时间随允许最大转角的增大而增大. 因此，补偿时间 $t$ 也随折射率 $n$ 的增大而增大. 表 6-2 列出了在相同速度允许变化范围内折射率与补偿角和补偿时间的关系，这里设 $Z = 4, \nu = 1000\mathrm{Hz}$.

表 6-2　在相同速度允许变化范围内不同折射率时的补偿角和补偿时间

| $n$ | $\varphi /(°)$ | $t /\mu s$ |
|---|---|---|
| 1.5163 | 7.7 | 171.1 |
| 1.5724 | 7.9 | 175.6 |
| 1.6384 | 8.2 | 182.2 |
| 1.6920 | 8.5 | 188.9 |
| 1.74385 | 8.7 | 193.3 |
| 1.78835 | 9.0 | 200.0 |
| 1.8015 | 9.1 | 202.2 |

(4) 此外，我们由(6.3.4)式可以看到，当像点位移一定时，折射率越大，棱镜厚度越小；所选补偿角越大，棱镜厚度也越小. 这些结果表示在图 6-9 中，图中纵坐标为棱镜厚度 $T$，横坐标为补偿角. 对于不同的折射率 $n$，则由不同的曲线来表示.

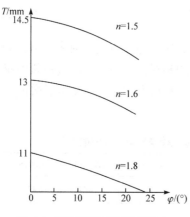

图 6-9 不同折射率下补偿角与
棱镜厚度的关系曲线

综上可以得出,像点位移随着棱镜转角 $\varphi$ 的增大而迅速增大,随折射率 $n$ 增大而减小;棱镜厚度随折射率和所选补偿角的增大而减小.

### 6.3.3 棱镜参数计算

前面讨论了一般关系,现在用上面这些结果来讨论棱镜的参数计算问题. 所谓棱镜参数是指棱镜面数、厚度、折射率以及最大补偿角等. 设计计算的原则应该是这些棱镜参数所决定的像点速度与仪器设计要求的胶片速度相匹配,使像点和胶片在补偿时间内的位移差限制在允许模糊范围 $\Delta y$ 之内. 先看一下棱镜面数的问题.

(1) 棱镜的通光孔径受到棱镜面数的影响,当然,这是指棱镜厚度 $T$ 一定时. 厚度 $T$ 一定时,面数越多,通光孔径 $D$ 越小. 表 6-3 列出了棱镜面数 $Z$ 与极大通光孔径 $D_{极大}$ 的关系,其中通光孔径以棱镜厚度 $T$ 为单位.

表 6-3　棱镜面数 $Z$ 与极大通光孔径 $D_{极大}$ 的关系

| $Z$ | 2 | 4 | 6 | 8 | 12 | 16 | 32 |
|---|---|---|---|---|---|---|---|
| $D_{极大}$ | $\infty$ | $1\,T$ | $0.577\,T$ | $0.414\,T$ | $0.268\,T$ | $0.199\,T$ | $0.130\,T$ |

(2) 棱镜的通光孔径在旋转过程中是按(6.3.14)式变化的,同时通光孔径也限制最大补偿角.

$$D = D_{极大}\cos\varphi \tag{6.3.14}$$

(3) 根据(6.3.1)式,可以看到摄影频率 $\nu$ 与面数 $Z$ 成正比.

(4) 对于确定的曝光角,在摄影频率保持不变时,时间分辨率随棱镜面数的增加而降低.

(5) 面数越多,能补偿的角度范围越小. 例如,面数为 4 时,$\varphi_补 = \pm 90°$;而面数为 8 时,$\varphi_补 = \pm 45°$.

设计棱镜厚度与补偿角,需从速度补偿的概念来考虑. 我们前面考虑过像点移动的速度公式,现在再考虑胶片的运动速度公式. 对于胶片的位移,有

$$y_胶 = \frac{ZH}{2\pi}\varphi \tag{6.3.15}$$

式中 $H$ 为画幅尺寸. 将(6.3.15)式微分即得胶片运动速度

$$V_{胶} = \frac{\mathrm{d}y_{胶}}{\mathrm{d}t} = \frac{ZH}{2\pi} \cdot \frac{\mathrm{d}\varphi}{\mathrm{d}t} = \frac{ZH}{2\pi} \cdot \omega \tag{6.3.16}$$

而设计时，画幅尺寸 $H$ 及摄影频率 $\nu$ 均已确定，因此

$$y_{胶} = \nu \times H \tag{6.3.17}$$

实际上也已确定.

现假设在旋转角度 $\varphi = \varphi_p$ 时，由棱镜参数决定的像点速度与胶片运动速度相等，也就是

$$y_{胶} - y_{像(\varphi_p)} = 0 \tag{6.3.18}$$

由(6.3.4)式及(6.3.15)式知，当 $\varphi = 0$ 时，像点与胶片位移均为 0，此时像点在图 6-10 中所示的胶片上 $A$ 点感光. 这时候的像点速度最小. 随着 $\varphi$ 的增大，像点速度增大. 在 $\varphi_p$ 之前，$V_{像(\varphi)} < V_{胶}$，因此胶片位移大于像点位移，即

$$y_{胶} > y_{像} = \int_0^\varphi V_{像} \mathrm{d}\varphi \tag{6.3.19}$$

当 $\varphi = \varphi_{胶}$ 时，达到胶片位移大于像点位移的最大值，设为 $\Delta y$，即

$$y_{胶(\varphi_p)} - \int_0^{\varphi_p} V_{像} \mathrm{d}\varphi = \Delta y \tag{6.3.20}$$

这时，像点在图 6-10 所示胶片上的 $B$ 点感光. 在 $0 \sim \varphi_p$ 的时间内，像点在胶片上形成了一条向后拉的线段 $AB = \Delta y$. 在 $\varphi > \varphi_p$ 以后，$V_{像} > V_{胶}$，两者的位移差逐渐减小，像点在胶片上由 $B$ 点逐渐向 $A$ 点感光. 设当 $\varphi = \varphi_s$ 时，两者位移差为 0，即

$$y_{胶(\varphi_p)} = \int_0^{\varphi_s} V_{像} \mathrm{d}\varphi$$

此时，像点又在 $A$ 点感光. 随着 $\varphi$ 的继续增大，像点位移逐渐超过胶片位移，即当 $\varphi > \varphi_s$ 时，有

$$y_{胶(j)} < \int_0^\varphi V_{像} \mathrm{d}\varphi \tag{6.3.21}$$

像点向与 $AB$ 方向相反的方向感光.

设当 $\varphi = \varphi_m$ 时，像点在 $C$ 点感光，在 $\varphi - \varphi_m$ 时间内形成一条 $AC$ 线段，$AC = -\Delta y$，即

$$y_{胶(\varphi_m)} - \int_0^{\varphi_m} V_{像} \mathrm{d}\varphi = -\Delta y \tag{6.3.22}$$

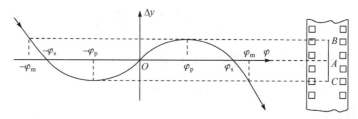

图 6-10　像点位移随补偿角的变化情况示意图

$\varphi$ 再增大，两者的位移差就越来越大. 以上讨论的是 $\varphi>0$ 的情况，$\varphi<0$ 的情况可以作类似的讨论. 位移差是以原点对称的一条曲线，如图 6-10 所示.

由此可以看出，像点在胶片上 $BC$ 线段往返两次感光的 $\pm\varphi_m$ 角是相同模糊范围 $2\Delta y$ 最大的曝光角. 选取像点与胶片在 $\varphi_p$ 点的位移、速度及在 $\varphi_m$ 点的位移可建立如下三个方程式：

$$\frac{ZH}{2\pi}\omega - T\left[\cos\varphi_p - \frac{4\left(n^2-\sin^2\varphi_p\right)\cos2\varphi_p+\sin^2\varphi_p}{4\left(n^2-\sin^2\varphi_p\right)^{3/2}}\right]\cdot\omega=0 \qquad (6.3.23)$$

$$\frac{ZH}{2\pi}\varphi_p - T\left[\sin\varphi_p - \frac{\sin2\varphi_p}{2\left(n^2-\sin^2\varphi_p\right)^{1/2}}\right]=\Delta y \qquad (6.3.24)$$

$$\frac{ZH}{2\pi}\varphi_m - T\left[\sin\varphi_m - \frac{\sin2\varphi_m}{2\left(n^2-\sin^2\varphi_m\right)^{1/2}}\right]=-\Delta y \qquad (6.3.25)$$

这三个方程式有三个未知数 $T$、$\varphi_p$、$\varphi_m$. 当已知画幅尺寸 $H$、棱镜面数 $Z$、选定玻璃的折射率 $n$ 及根据使用要求确定的允许模糊量之半 $\Delta y$ 时，即可求出棱镜的厚度 $T$ 和最大补偿角 $\varphi_m$. 这个求解过程较复杂，可编制成程序在电子计算机上解出，一种高速摄影机的计算结果如下：

输入数据 $H=9.5$ mm, $Z=4$

$$n=1.5136\Delta y=0.01\ \text{mm}$$

结果 $T=17.4$ mm, $\varphi_m=14.90°$.

### 6.3.4　旋转棱镜的像差

在光路中加入棱镜会产生离焦及像差，而且旋转棱镜产生的像差是要随旋转角度的不同而改变的，这种像差往往不是共轴光学系统能够与之补偿的.

从像差的概念出发，引起成像模糊的像移非线性量也可以看作是一种像差，

它随时间而变，相当于畸变效应，称为非线性畸变．为了讨论方便，我们将(6.3.4)式及(6.3.8)式写成级数的形式

$$y = T\frac{n-1}{n}\varphi + T\left(\frac{n^2-1}{2n^3} - \frac{n-1}{6n}\right)\varphi^3 + \cdots \tag{6.3.26}$$

$$x = T\frac{n-1}{n} + T\left[\frac{3(n^2-1)}{2n^3} - \frac{n-1}{2n}\right]\varphi^2 + T\frac{3(n^2-1)}{2n^3}U'\varphi + T\frac{n^2-1}{2n^3}U'^2 + \cdots \tag{6.3.27}$$

(6.3.26)式中第一项是线性项，第二项及以后项是非线性项，其主要影响是第二项，这一项像差引起的像质降低是很明显的，这也就是一些棱镜补偿系统的对比度、分辨率在水平方向上总比垂直方向低的原因．当胶片垂直移动时，这一像差使水平线条变得模糊，而使垂直方向线条增长一点．

在(6.3.27)式中，当 $\varphi = 0$ 时，有

$$x = T\frac{n-1}{n} + T\frac{n^2-1}{2n^3}U'^2 \tag{6.3.28}$$

式中第一项是垂直平板引起的像面轴向移动量，亦即离焦量；第二项只与光学系统的孔径有关，是垂直平板的初级球差，这种球差可以与前面的光学系统一起校正．

由于棱镜旋转，轴上点成为视场 $\varphi$ 的轴外点，光束失去了对称性，不仅有轴上像差，而且有如彗差、像散等轴外像差，这种轴外像差称为中心彗差、中心像散等．这表示原来的轴上点也产生了类似轴外点才有的像差．

(6.3.27)式中的第三项是光束的孔径角 $U$ 及旋转角度 $\varphi$ 的函数，它表示光束在棱镜旋转过程中的失对称情况．式中表示的项是子午彗差在 $x$ 轴上的投影分量，其对应的垂轴像差即子午彗差 $K_t$，有表示式

$$K_t = T\frac{3(n^2-1)}{2n^3}U'\varphi\tan U \approx T\frac{3(n^2-1)}{2n^3}U^2\varphi \tag{6.3.29}$$

这项像差是与旋转角度 $\varphi$ 成正比的像差，随着棱镜的旋转呈线性变化，其斜率(即其比例常数)与垂直平板的球差相对应．

(6.3.27)式的第二项只与 $\varphi^2$ 有关，而与孔径无关，于是这一项所代表的是子午截面内无限细光束的成像位置

$$l'_t = T\left[\frac{3(n^2-1)}{2n^3} - \frac{n-1}{2n}\right]\varphi^2 \tag{6.3.30}$$

对弧矢面进行讨论，可以得到弧矢截面内无限细光束的成像位置

$$l'_s = T\left[\frac{n^2-1}{2n^3} - \frac{n-1}{2n}\right]\varphi^2 \tag{6.3.31}$$

子午细光束与弧矢细光束焦点之差即为像散

$$A'_{st} = l'_t - l'_s = T\frac{n^2-1}{n^3}\varphi^2 \tag{6.3.32}$$

下面再讨论色差. 不同的色光有不同的位移便是色差. 当白光入射时, 棱镜的加入还会导致位置色差和倍率色差. 由(6.3.27)式的第一项对 C、F 两种色光分别有

$$x_F = T\frac{n_F-1}{n_F} \tag{6.3.33}$$

$$x_C = T\frac{n_C-1}{n_C} \tag{6.3.34}$$

两者之差即为位置色差

$$\Delta l_{CF} = x_C - x_F = T\left(\frac{n_C-1}{n_C} - \frac{n_F-1}{n_F}\right) \tag{6.3.35}$$

$$= T\left(\frac{n_C-n_F}{n_C n_F}\right) \tag{6.3.36}$$

$$\approx -T\frac{n_D-1}{n_D^2 \nu_D} \tag{6.3.37}$$

式中

$$\nu_D = \frac{n_D-1}{n_F-n_C}$$

为光学玻璃的阿贝数.

同理, 可求出倍率色差 $\Delta y_{CF}$

$$y_C = T\frac{n_C-1}{n_C}\varphi \tag{6.3.38}$$

$$y_F = T\frac{n_F-1}{n_F}\varphi \tag{6.3.39}$$

$$\Delta y_{CF} = y_C - y_F = T\varphi\left(\frac{n_C-1}{n_C} - \frac{n_F-1}{n_F}\right) \tag{6.3.40}$$

$$\approx -T\varphi\frac{n_D-1}{n_D^2\nu_D} \tag{6.3.41}$$

对于以上的像差讨论，可以得出：

(1) 对于棱镜产生的 $x$ 值，我们可以认为其是轴上点像差和轴外点像差共同作用的结果. 沿轴的与棱镜转角无关的像差为球差、位置色差，可以由前面光学系统的同类像差进行校正. 与棱镜转角有关的像差，不论是轴向的，还是垂轴的，它们随着棱镜的旋转发生周期性的变化，是不对称像差，是无法由前面的轴对称光学系统进行校正的. 这些像差是像散、彗差和倍率色差.

(2) 彗差与转角 $\varphi$ 的一次方成比例，像散与转角 $\varphi$ 的二次方成比例，非线性畸变则与转角 $\varphi$ 的三次方成比例.

(3) 各种像差均与厚度成正比.

(4) 由色差的表示式可以看出，阿贝数 $\nu_D$ 越大，则色差越小，所以一般选取高折射率低色散的玻璃材料.

作为例子，下面举出这些像差的一些计算结果. 取光学玻璃的折射率 $n_D=1.5163$，阿贝数 $\nu_D=64.1$，棱镜厚度 $T=10\,\mathrm{mm}$，前面光学系统的相对孔径为 $F/5$，即孔径角 $U'=0.1\,\mathrm{rad}$. 此时，与棱镜转角无关的一些位移量及像差值如下：

轴向位移量

$$\Delta x = T\frac{n-1}{n} \approx 3.4\,\mathrm{mm}$$

位置色差

$$\Delta l_{CF} = -T\frac{n_D-1}{n_D^2\nu_D} \approx -0.035\,\mathrm{mm}$$

初级球差

$$-\Delta L'_{球} = T\frac{n^2-1}{2n^3}U'^2 \approx 0.018\,\mathrm{mm}$$

与棱镜转角有关的位移及像差则如表 6-4 所示. 从表中可以看到，当棱镜转角小于 15° 时，影响成像质量最大的是像散，其次是非线性垂轴位移. 但是由于非线性垂轴位移与转角的三次方成比例，因此其随转角的增大而增大得非常快，从表 6-4 中也可以看出这一点，$\varphi$ 从 12° 增大到 15° 时，$\Delta y$ 由 0.012 mm 猛增到 0.023 mm，而像散则仅从 0.032 mm 增大到 0.05 mm. 所以当棱镜转角再增大时，非线性垂轴位移是要严重影响成像质量的.

表 6-4　不同棱镜转角下的像点垂轴位移及像差

| 棱镜转角 $\varphi$ | 3°(0.052 rad) | 6°(0.105 rad) | 9°(0.157 rad) | 12°(0.209 rad) | 15°(0.262 rad) |
|---|---|---|---|---|---|
| 线性垂轴位移 $T\dfrac{n-1}{n}\varphi$ /mm | 0.177 | 0.358 | 0.535 | 0.712 | 0.892 |
| 非线性垂轴位移 $\Delta y$ / mm | 0 | 0.001 | 0.005 | 0.012 | 0.023 |
| 子午彗差 $K_t$/mm | 0.003 | 0.006 | 0.009 | 0.012 | 0.015 |
| 初级像散 $A_{st}$/mm | 0.01 | 0.04 | 0.09 | 0.16 | 0.25 |
| 与 $A_{st}$ 相当的垂轴量/mm | 0.002 | 0.008 | 0.018 | 0.032 | 0.05 |
| 倍率色差 $\Delta y_{CF}$ /mm | 0.002 | 0.004 | 0.006 | 0.007 | 0.009 |

# 6.4　转镜高速摄影机光学

转镜扫描相机可对高速现象进行测量. 它的基本原理如前面的图 6-2 所示. 如果拍摄对象 A 是一个定点扩张过程, 如爆炸、电火花等, 在扩张的瞬时内, 转镜 M 绕轴 O 旋转, 则在底片上的记录结果是现象中某一部分的空间位置和时间的关系, 曲线的正切即为现象的扩张速度. 一个瞬时变化的现象, 如扩张速度极快, 为了精确地测定速度, 要求相机也以极高的速度进行扫描.

### 6.4.1　转镜扫描相机的时间分辨率

转镜扫描相机的重要性能指标之一是时间分辨率, 用 $\Delta t$ 表示, 即

$$\Delta t = \frac{W}{V} \tag{6.4.1}$$

式中 $W$ 是狭缝在底片平面上的成像宽度, $V$ 是狭缝像在底片平面上的扫描速度. 当扫描半径 $R$ 和转镜的角速度 $\omega$ 为已知时, 扫描速度 $V$ 即可求得, 为

$$V = 2\omega R \tag{6.4.2}$$

由上式可知, 为了提高扫描速度 $V$, 可以增大扫描半径 $R$ 或旋转角速度 $\omega$, 但 $R$ 值不宜过大, 否则相机体积庞大, 过于笨重, 一般此值在 300 mm 左右, 最大也不超过 0.5 m. 至于 $\omega$, 我们希望越高越好, 但此值的增加也不可能是无限的. 因为转速越高, 转镜自身重量所产生的离心力也越大, 当离心力超过转镜材料的极限强度时, 转镜就要破裂.

下面来讨论一下扫描速度、转镜尺寸等问题. 当成像系统的相对孔径一定时, 转镜的尺寸由扫描半径决定, 如图 6-11 所示, 图中 PP 为成像面, $2b_1$ 及 $2b_2$ 则分

别为两种扫描半径 $R_1$ 及 $R_2$ 在相同孔径角 $2u$ 条件下的最大转镜尺寸. 由图可知

$$2b_1 = 2uR_1, \quad 2b_2 = 2uR_2 \tag{6.4.3}$$

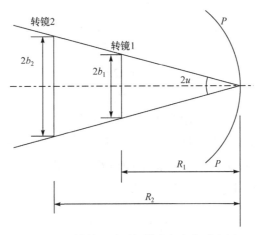

图 6-11　转镜尺寸随扫描半径变化示意图

转镜 1 和转镜 2 用相同材料时，允许的边缘线速度相同，同为 $V_p$，即

$$V_p = b_2\omega_2 = b_1\omega_1 = \omega_1 R_1 \frac{b_1}{R_1} = \omega_2 R_2 \frac{b_2}{R_2} \tag{6.4.4}$$

令

$$A = \frac{R_2}{2b_2} = \frac{R_1}{2b_1} = \frac{1}{2u} \tag{6.4.5}$$

这是相对孔径的倒数，且考虑到(6.4.2)式，有

$$V_p = \frac{V}{2} \times \frac{1}{2A} = \frac{V}{4A} \tag{6.4.6}$$

或

$$V = 4AV_p \tag{6.4.7}$$

(6.4.7)式告诉我们，当相机的相对孔径为定值时，限制扫描速度提高的唯一因素是允许的转镜边缘线速度 $V_p$，$V_p$ 的大小则取决于材料的机械性能，任何靠增长扫描半径的办法以获得高的扫描速度都是徒劳的.

根据前面的讨论，可以求出扫描相机的时间分辨极限. 由(6.3.3)式及(6.4.7)式，有

$$\Delta t = \frac{W}{V} = \frac{W}{4AV_p} \tag{6.4.8}$$

由衍射理论可知，光学系统能够分辨的极限距离为

$$\Delta\eta = \frac{1.22\lambda}{D}f = 1.22\lambda \cdot A \tag{6.4.9}$$

将(6.4.8)式中的狭缝像宽度 $W$ 取为刚好能分辨时的线宽，代入(6.4.9)式，得到扫描相机的极限时间分辨率为

$$\Delta t = \frac{1.22\lambda}{4V_p} \tag{6.4.10}$$

上式表明，扫描相机的极限时间分辨率与扫描半径、相对孔径均无关，而完全取决于允许的棱镜边缘线速度 $V_p$ 的大小. $V_p$ 越大，时间分辨率越高. 当然，这是一种着眼于 $V_p$ 的看法，而没有把空间分辨能力放在一起来考虑. 我们仍由(6.4.8)式来考虑问题，该式可另外表示为

$$4V_p\Delta t = \frac{W}{A} = 4j \tag{6.4.11}$$

这表示高速摄影机能传递的拉氏不变量是旋转反射镜边缘允许线速度与曝光时间的乘积. 这就是说，在高速摄影机能传递的拉氏不变量一定的条件下，要缩短曝光时间 $\Delta t$，只有提高 $V_p$ 才有可能. 当 $V_p$ 有限时，若无限缩短曝光时间以提高时间分辨率，必定不能充分利用光学系统能传递的拉氏不变量，即会使此高速摄影机能传递的空间信息量减少.

例如，设照片高 3 mm，希望分辨 40 Lp/mm，即总共分辨 120 Lp，由此可以确定所需要的最小孔径角(或相对孔径)，由

$$\Delta\eta = 1.22\lambda\frac{f}{D} = 1.22\lambda A$$

式中 $\Delta\eta$ 为分辨线宽. 现 $\Delta\eta = 1/40$，故要求

$$\frac{1}{A} \geqslant 1.22\lambda \times 40 \approx 50\lambda$$

其中 $\lambda$ 以 mm 为单位. 在整个像面上需 120 Lp，故

$$4j = 4V_p\Delta t = \frac{W}{A} \geqslant 3 \times 50\lambda = 150\lambda$$

当 $V_p \leqslant 5\times10^5$ mm/s，$\lambda = 0.00055$ mm 时，有

$$\Delta t \geqslant 4\times10^{-8}\ s$$

当像面上只需获得 12 Lp 时，$\Delta t \geqslant 4\times10^{-9}$ s；当只需获得 3 Lp 时，$\Delta t \geqslant 10^{-10}$ s. 这就具体地表明了空间信息量减小而时间信息量增大的情况. 同时，在转镜法中，提高时间分辨率还往往以减小照度为代价. 变像管高速摄影机之所以有高得

多的时间分辨率, 是由于电子束的扫描速度比上述转镜扫描速度高得多.

转镜的转速影响仪器的质量指标已如前述, 但还不止于此, 转镜转动时会发生变形, 这会影响光学质量, 也是需要加以考虑的.

### 6.4.2　几种转镜分幅相机的光学结构

为了提高时间分辨率, 需提高光束扫描的速度, 我们还可以将光束经过转动反射镜两次或多次, 在传递空间信息量不变的条件下分辨更短的时间间隔.

一种两次反射转镜分幅相机的光路如图 6-12 所示. 图中同一字母符号上每加一撇表示它被成一次像. $a$ 为物面, $b$ 为光瞳面, 其中间像 $a''$ 和最后像 $a''''$ 可以不在同一平面内, 即光路是相互错开的而不相互干扰. 当然, 这种装置存在摄出照片数量减少和反射次数增加而带来能量减小的缺点. 仅当物体是一条线时, 这种扫描高速摄影方法才是有效的, 而当物体有一定面积时, 扫描会使得各点的像混杂, 因而不能使用. 图 6-13 中所表示的转镜分幅相机则是解决这种问题的一个方案. 下面简单介绍三种转镜分幅相机的光学结构.

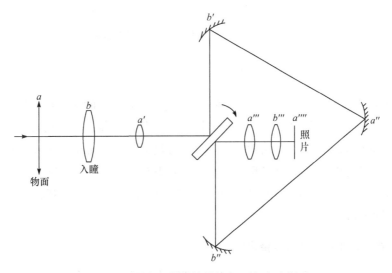

图 6-12　两次反射转镜分幅相机光路示意图

#### 1. 美国 189 型分幅相机

这是一种画幅尺寸较大的分幅相机, 其光学系统如图 6-13 所示. 物镜和场镜把物体成像于旋转反射镜(转镜)上, 此反射镜把光线反射后, 经 25 对排镜和 25 个负场镜, 成像于照相底片上. 由于画幅尺寸较大, 为了校正像面弯曲, 在每个画幅前均放置有负场镜. 采用 35 mm 底片, 摄影频率为 $4.8 \times 10^4 \sim 4.3 \times 10^6$ f/s, 用涡轮驱动钛制转镜，最大转速可达 108 万转/分，画幅尺寸为 19 mm×25 mm，共 25 幅.

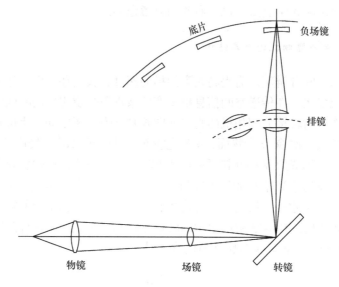

图 6-13　美国 189 型分幅相机原理光路图

### 2. 国产 ZFK-250 型高速摄影机

这台摄影机是西安光机所于 1966 年试制成功的,相机的光学系统如图 6-14(a) 所示. 由于转镜转速较高, 为了避免转镜周围空气的干扰, 在转镜周围设有光学玻璃制成的球面罩, 罩的内部抽成真空. 转镜尺寸为 $\phi$32 mm×8 mm, 转速为 21 万转/分, 摄影频率为 $2.5×10^6$ f/s. 总画幅数为 100, 画幅为直径 16 mm 的圆, 光学系统的总焦距为 2750 mm, 相对孔径为 F/20, 总记录时间为 40 μs, 成像分辨率为 30 Lp/mm.

### 3. 国产 ZFD-50 型高速摄影机

这台摄影机是西安光机所于 1980 年试制成功的. 光学系统如图 6-14(b)所示. 来自主物镜的成像光束被由棱镜组成的分束系统分成两路, 各自在截面为等边三角形的转镜表面上成像, 此像又通过两边的排镜在底片上成最后像. 转镜通过电机升速系统驱动, 最高转速为 9 万转/分时, 摄影频率可达 $5×10^5$ f/s, 画幅尺寸为 10 mm×18 mm, 总共有 110 张画面, 总记录时间为 224 μs, 每张画幅曝光时间为 0.82 μs, 系统的摄影分辨率为 30 Lp/mm, 光学系统焦距有 319 mm 和 743 mm 两种, 相对孔径为 F/18.

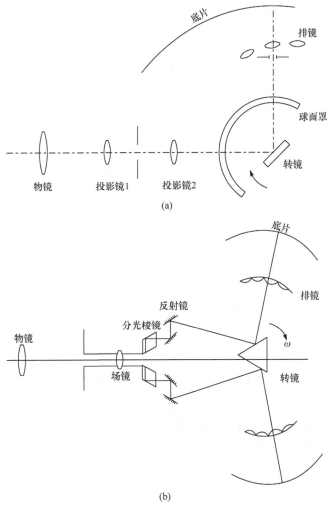

图 6-14　国产 ZFK-250 型(a)和 ZFD-50 型(b)高速摄影机原理光路图

### 6.4.3　信息量问题

I. Brillouin 用每个画幅的像素数 $M$ 和信息级 $K$ 的自然对数的乘积来表示空间信息量 $I_S$. 这里的信息级指的是除空间分辨率外还可以用其余的信息来区分目标的信息数，如灰度的信息和颜色的信息等. 据此，空间信息量可表示为

$$I_S = M \ln K \tag{6.4.12}$$

若画幅的面积为 $S(\mathrm{mm}^2)$，两个方向的空间分辨率相同，且为 $N$ (Lp/mm)，则(6.4.12)式可以写成

$$I_S = SN^2 \ln K \tag{6.4.13}$$

我们感兴趣的是时间分辨方向的空间信息. 若在时间分辨方向的画幅宽度为 $B$, 空间分辨率为 $N$, 则我们感兴趣的空间信息量为

$$I_S = BN \ln K \tag{6.4.14}$$

在高速摄影中, 记录介质是感光底片, 测量的要求仅确定空间位置. 只要满足黑白两个信息级就可以了, 所以 $\ln K \approx 1$. 于是(6.4.14)式便成为

$$I_S = BN \tag{6.4.15}$$

H. Schardin 把时间信息量用分幅频率 $\nu$ 和品质因素 $g$ 来表示, 有

$$I_i = \nu g^{2/3} \tag{6.4.16}$$

其中 $g$ 为分幅时间与有效曝光时间 $t$ 的比.

高速摄影机的信息量可以看作时间信息量和空间信息量之积, 即

$$I = I_S \times I_i = SN^2 \ln K \times \nu g^{2/3} \tag{6.4.17}$$

当仅评价时间分辨方向的信息量, 且 $\ln K = 1$, $g = 1$ 时, 信息量 $I$ 的表示式简化为

$$I = BN\nu \tag{6.4.18}$$

这是最简单而又较实用的表示式, 这个表示式的含义实质上是每单位时间内可记录的总线对数. 这可作为高速摄影机信息量的评价标准. 我们在前面讨论指出, 光学系统能传递的总线对数可以用拉氏不变量 $j$ 来表示, 其中的线度要以波长 $\lambda$ 来度量, 即此线度内有多少波长数. 考虑到这点以后, 有

$$I = BN\nu = \frac{4j}{\lambda} \times \nu \tag{6.4.19}$$

将(6.4.11)式代入, 得

$$I = \frac{4V_p \Delta t}{\lambda} \times \nu = \frac{4V_p}{\lambda} \tag{6.4.20}$$

这便是著名的 Schardin 公式. 这表示转镜分幅相机的信息量只与允许的转镜边缘线速度和波长有关.

例如, 当 $V_p = 500$ m/s, $\lambda = 0.5\,\mu m$ 时, 有

$$I = \frac{4 \times 500 \times 10^3 \times 10^3}{0.5} = 4 \times 10^9\,(\text{Lp/s})$$

表 6-5 列出了几种高速摄影机的信息量.

表 6-5 几种高速摄影机的信息量

| 摄影机名称 | 国别 | 分幅频率 $v/s^{-1}$ | 空间分辨率 $N$ /(Lp/mm) | 画幅宽度 $B$ /mm | 信息量 $I$ /(Lp/s) |
|---|---|---|---|---|---|
| Cardin 121 | 美国 | $2.5 \times 10^6$ | 30 | 38.1 | $2.86 \times 10^9$ |
| AWRE-C5 | 英国 | $8 \times 10^6$ | 20 | 8 | $1.28 \times 10^9$ |
| ZFK-500 | 中国 | $5 \times 10^6$ | 26.9 | 9 | $1.20 \times 10^9$ |

# 6.5 反射镜补偿法

## 6.5.1 基本工作原理

由光学零件的运动使像点发生运动,从而补偿底片的运动,实现高速摄影的方法有棱镜、透镜和反射镜运动方法. 前面已介绍过棱镜运动补偿的光学问题,这里再着重介绍一下反射镜补偿的光学问题.

旋转补偿反射镜可以处于平行光路中,也可以处于会聚光路中,图 6-15 所示是反射镜处于平行光路中的一种光学结构示意图. 旋转反射镜是由多面体构成的旋转反射棱镜,透镜组 $L_1$ 有两个作用:一是将所需记录的物像光束准直成平行光,投射到反射镜面上;二是把前面光学系统的光瞳成像在反射镜上,以便缩小反射镜的尺寸和整个转鼓的尺寸. 由物镜 $L_1$ 产生的平行光被反射面反射后,进入物镜 $L_2$,然后在底片上成像.

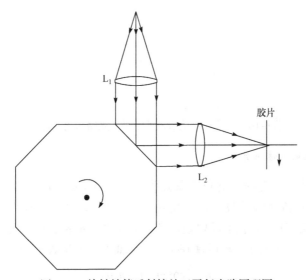

图 6-15 旋转补偿反射镜处于平行光路原理图

由于这种光学补偿系统是在平行光束中旋转反射镜扫描光线，所以只要单独校正物镜 $L_2$ 的像面弯曲，像点在扫描过程中便能始终落在胶片面上，并且由于是在平行光中扫描光线，反射镜旋转中心不影响成像点转迹，因而我们可以将问题简化为：以镜面上一点 $M$ 为中心，转动此平面反射镜扫描光线. 图 6-16 表示这种光学系统的工作情况. 摄影机的传动机构要保证反射镜每转过一个面，胶片相应地走过一个画幅间隔，胶片在扫描方向的移动距离 $H_{y胶}$ 为

$$H_{y胶} = \frac{d}{2\theta} u_{\mathrm{p}} = \frac{dN}{4\pi} u_{\mathrm{p}} = k \cdot u_{\mathrm{p}} \tag{6.5.1}$$

式中 $d$ 为画幅间隔距离，$\theta$ 为一个反射面对应的角度，$u_{\mathrm{p}}$ 为扫描视场角，$N$ 为反射镜鼓的面数. 这表示胶片移动的距离与旋转的扫描视场角呈线性关系. 而像点移动的理想距离 $H_{y像}$ 为

$$H_{y像} = f_2 \tan u_{\mathrm{p}} \tag{6.5.2}$$

其中 $f_2$ 为第二组成像透镜 $L_2$ 的焦距. 所以像移量 $\Delta H_y$ 为

$$\Delta H_y = H_{y像} - H_{y胶} = f_2 \tan u_{\mathrm{p}} - k u_{\mathrm{p}} \tag{6.5.3}$$

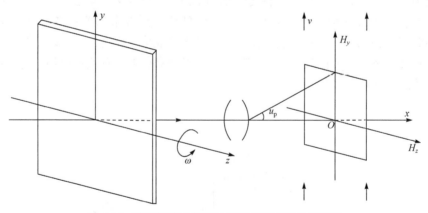

图 6-16　旋转补偿反射镜处于平行光路简化原理图

### 6.5.2　轴外物点的成像关系

对于轴外物点，是一个空间成像关系，我们用矢量方法来讨论. 取坐标系统 $Mxyz$，如图 6-17 所示，$M$ 为旋转反射镜上一点，取作坐标原点. $x$ 轴为光轴，$z$ 轴为反射镜的旋转轴，$n$ 表示反射镜面的法向矢量，$A$ 表示轴外任意光线的矢量，其位置、方向如图中所示. $n$ 和 $A$ 在 $x$、$y$、$z$ 轴上的分量表示为

$$\boldsymbol{n} = (\cos \omega t, \sin \omega t, 0) \tag{6.5.4a}$$

$$A = (\sin\varphi\cos\psi, \sin\varphi\sin\psi, \cos\varphi) \qquad (6.5.4b)$$

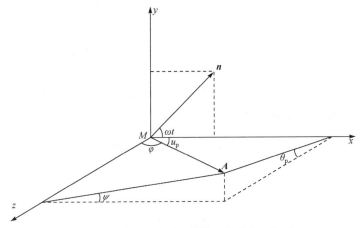

图 6-17　建立在旋转反射镜上的直角坐标系

经反射后的光线矢量用 $A'$ 表示, 对应的角度用 $\varphi'$、$\psi'$ 表示. 根据矢量形式的反射定律, 有

$$A' = A - 2n(A \cdot n) \qquad (6.5.5)$$

反射后光线的 $x$ 方向分量, 可以通过如下计算得到:

$$
\begin{aligned}
\sin\varphi'\cos\psi' &= \sin\varphi\cos\psi - 2\cos\omega t(\cos\omega t\sin\varphi\cos\psi + \sin\omega t\sin\varphi\sin\psi) \\
&= \sin\varphi\cos\psi - \sin\varphi\left(2\cos^2\omega t\cos\psi + \sin 2\omega t\sin\psi\right) \\
&= \sin\varphi\cos\psi - \sin\varphi\left[(1+\cos 2\omega t)\cos\psi + \sin 2\omega t\sin\psi\right] \qquad (6.5.6) \\
&= -\sin\varphi\left[\cos 2\omega t\cos\psi + \sin 2\omega t\sin\psi\right] \\
&= -\sin\varphi\cos(2\omega t - \psi)
\end{aligned}
$$

同理, 可得到 $y$ 方向分量为

$$\sin\varphi'\sin\psi' = -\sin\varphi\sin(2\omega t - \psi) \qquad (6.5.7)$$

$z$ 方向分量为

$$\cos\varphi' = \cos\varphi$$

则

$$A' = \left[-\sin\varphi\cos(2\omega t - \psi), -\sin\varphi\sin(2\omega t - \psi), \cos\varphi\right] \qquad (6.5.8)$$

比较 $A'$ 和 $A$, 有

$$\varphi' = \varphi \qquad (6.5.9)$$

$$\psi' = \psi - 2\omega t \tag{6.5.10}$$

可见，当反射镜等速转动时，反射光线和转轴的夹角 $\varphi'$ 不变，$\psi'$ 则等速变化；其在 $xy$ 面内的投影就如该面内的光线一样运动，方向变化的角速度是法线变化角速度的两倍. 这样光线 $A$ 就以 $z$ 轴为中心线、以 $\varphi$ 为圆锥半顶角画出圆锥表面.

为得到反射光线与光轴 $x$ 的夹角 $u_p$ 和幅角 $\theta$(图 6-17)随时间而变的规律，只需建立同一矢量的两种分量表示间的关系即可. 由图 6-17，有

$$A' = \left( \cos u_p', \sin u_p' \sin \theta_p', \sin u_p' \cos \theta_p' \right) \tag{6.5.11}$$

故

$$\begin{cases} \cos \varphi' = \sin u_p' \cos \theta_p' \\ \sin \varphi' \sin \psi' = \sin u_p' \sin \theta_p' \end{cases} \tag{6.5.12}$$

因 $\varphi'$ 不是时间 $t$ 的函数，有

$$\frac{\mathrm{d}}{\mathrm{d}t} \cos \varphi' = \frac{\mathrm{d}}{\mathrm{d}t} \left( \sin u_p' \cos \theta_p' \right) = 0 \tag{6.5.13}$$

$u_p'$ 和 $\theta_p'$ 描写了反射光线在胶片平面上的成像位置，故可用它们来讨论像点运动速度与胶片运动速度的同步问题.

参看图 6-18，图中 $u_1$、$\theta_1$ 为物镜的空间角. 当胶片以移动速度 $V_{胶}$ 等速运动时，为使成像清晰，要求光点在胶片上也做同样的运动. 这也就是要求光点在 $z$ 方向的速度为零，在 $y$ 方向的速度与 $V_{胶}$ 相等，即要求

$$\frac{\mathrm{d}H_z}{\mathrm{d}t} = 0, \qquad \frac{\mathrm{d}H_y}{\mathrm{d}t} = V_{胶} \tag{6.5.14}$$

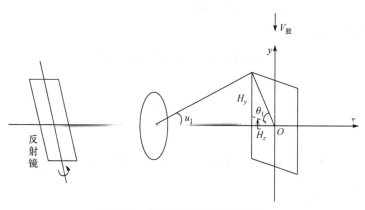

图 6-18 轴外物点像位置示意图

设物镜无畸变，则

$$\begin{cases} H_y = H\sin\theta_1 = f\sin\theta_1\tan u_1 \\ H_z = H\cos\theta_1 = f\cos\theta_1\tan u_1 \end{cases} \tag{6.5.15}$$

因此，就要求入射角按(6.5.16)式变化，才能得到完全的补偿.

$$\begin{cases} \dfrac{\mathrm{d}\left(\cos\theta_1\tan u_1\right)}{\mathrm{d}t} = 0 \\[3mm] \dfrac{\mathrm{d}\left(\sin\theta_1\tan u_1\right)}{\mathrm{d}t} = \dfrac{V_{\text{胶}}}{f} \end{cases} \tag{6.5.16}$$

而现在的像点运动方式由(6.5.13)式所决定. (6.5.13)式所表示的运动方式与(6.5.16)式的第一式相近，如使物镜略有畸变以满足 $H = f\sin u_1$，则(6.5.16)式要求的第一式成为

$$\frac{\mathrm{d}\left(\cos\theta_1\sin u_1\right)}{\mathrm{d}t} = 0 \tag{6.5.17}$$

光线的运动方式正好能满足这一要求，即

$$\frac{\mathrm{d}H_z}{\mathrm{d}t} = 0 \tag{6.5.18}$$

而此时对(6.5.16)式的第二式左方，根据像点的运动(6.5.12)式，则有

$$\frac{\mathrm{d}\left(\sin\theta_1\sin u_1\right)}{\mathrm{d}t} = \frac{\mathrm{d}}{\mathrm{d}t}\left(\sin\varphi'\sin\psi'\right) = \frac{\mathrm{d}}{\mathrm{d}t}\left(\sin\varphi\sin\psi'\right) = 2\omega\sin\varphi\cos\psi' \tag{6.5.19}$$

即它不但是 $\varphi$、$\psi'$ 的函数，还是时间的函数. 它不是如(6.5.16)式第二式的右式所要求的常数，这会使扫描光点像在 $y$ 方向不清晰，为了尽可能满足要求，我们应选取 $\varphi = 90°$，$\psi' = 0°$. 在上述范围内，$\sin\varphi$ 和 $\cos\psi'$ 的变化最小，可以与常数的差别小些，这样定出的参数 $\varphi$ 和 $\psi'$ 的范围即要求 $u'$ 很小，也即物镜只应有很小的视场角 $u_1$.

### 6.5.3　轴外像点的像移

为了进一步考察轴外像点扫描时引起的像移，参考图 6-19 的模拟图. 图中 $z$ 轴表示反射镜的旋转轴，$x$ 轴表示光轴，$z$ 轴和 $H_z$ 轴间距取为成像透镜组 $L_2$ 的焦距，垂直于 $x$ 轴的平面 $H_z OH_y$ 代表成像平面. 这时，从反射镜反射的光线与 $x$ 轴的夹角(即视场角)$u_p$ 和像面高度 $H$ 之间的关系模拟为实际光学系统 $L_2$ 的成像关系. 当光线从 $A_1$ 扫描到 $A_2$ 时，像点从 $P_1$ 点扫描到 $P_2$ 点. 在垂直于 $z$ 轴的平面 $NP_1Q$ 中，光线扫描出圆弧 $P_1S$，即

$$\overline{NP_1} = \overline{NS} = f_2$$

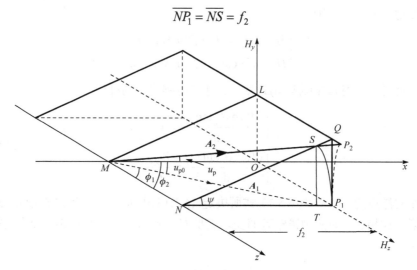

图 6-19　轴外像点扫描时引起的像移示意图

设 $T$ 为自 $S$ 作 $NP_1$ 垂线的垂足，像点的轨迹偏离垂直于 $OH_z$ 轴的直线 $P_1Q$，在像面上画出双曲线 $P_1P_2$ 轨迹，产生的 $H_z$ 方向像移 $\Delta H_z = \overline{QP_2}$. 因为

$$\frac{\overline{QP_2}}{\overline{MN}} = \frac{\overline{QS}}{\overline{SN}} = \frac{\overline{TP_1}}{\overline{TN}}$$

$$= \frac{f_2 - f_2\cos\psi}{f_2\cos\psi} = \frac{1-\cos\psi}{\cos\psi} \tag{6.5.20}$$

所以

$$\overline{QP_2} = \overline{MN}\frac{1-\cos\psi}{\cos\psi} = \overline{OP_1}\frac{1-\cos\psi}{\cos\psi} \tag{6.5.21}$$

若轴外光线在水平方向上视场角为 $u_{p0}$，则

$$\Delta H_z = \overline{QP_2} = f_2\tan u_{p0}\left(\frac{1-\cos\psi}{\cos\psi}\right) \tag{6.5.22}$$

我们称(6.5.3)式的 $\Delta H_y$ 为子午像移，(6.5.22)式的 $\Delta H_z$ 为弧矢像移. 从前面分析可知，轴上点只有子午像移，轴外点则既有子午像移，又有弧矢像移.

作为一个例子，取 30 面体的反射镜鼓，画幅间隔距离为 19 mm，画幅之间有 1 mm 的间隙，狭缝最大开口为 18 mm，计算像移时只算到 $H_y = 9$ mm. 这时，对应的 $u_p$ 最大值与(6.5.3)式中的 $k$ 值为

$$(u_p)_{\max} = \frac{360°}{30} \times \frac{9\text{ mm}}{9.5\text{ mm}} \approx 11.3684°$$

$$k = \frac{H_y}{(u_p)_{\max}} = \frac{9\text{ mm}}{11.3684°} \times \frac{180°}{\pi} \approx 45.3592\text{ mm}$$

取第二组透镜的焦距 $f_2 = k \approx 45.3592\text{ mm}$ 时，计算得到的像移量列于表 6-6，图 6-20 中的曲线①表示这样的像移曲线. 因为画幅上半部和下半部的像移符号相反，总的像移量为表中列值的两倍. 从表中可以看出，胶片从 1 到 9 的像移量是正的，所以我们可以适当地选择透镜组 $L_2$ 的焦距，使得不同胶片上的像移量有正有负，且正负像移量的最大绝对值接近相等时，可以有较小的像移. 当透镜组 $L_2$ 的焦距取 $f_2 = 44.91\text{ mm}$ 时，像移量最大值降为 $\pm 0.03\text{ mm}$，是表 6-6 所列结果最大值的四分之一，图 6-20 中的曲线②表示了这样的像移曲线.

**表 6-6　像移量举例计算值**

| $u_p/(°)$ | 1.2631 | 2.5263 | 2.7895 | 5.0526 | 6.3158 | 7.5789 | 8.8421 | 10.1052 | 11.3684 |
|---|---|---|---|---|---|---|---|---|---|
| $H_{y\text{胶}}$/mm | 1 | 2 | 3 | 4 | 5 | 6 | 7 | 8 | 9 |
| $H_{y\text{像}}$/mm | 1 | 2.001 | 3.005 | 4.011 | 5.020 | 6.035 | 7.056 | 8.084 | 9.120 |
| $\Delta H_y$/mm | 0.000 | 0.001 | 0.005 | 0.011 | 0.020 | 0.035 | 0.056 | 0.084 | 0.120 |

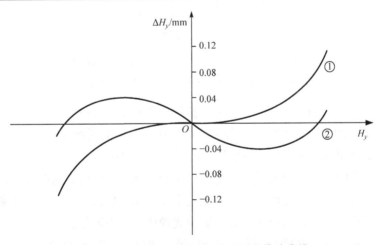

图 6-20　第二组透镜取不同焦距时的像移曲线

对于轴外点，除上面的子午像移外，还有(6.5.22)式表示的弧矢像移. 画幅边缘点处，即 $\overline{OP_1} = 12\text{ mm}$ 的点，有最大的扫描角 $\psi = 11.3684°$，可计算弧矢像移

$$\Delta H_z = 12 \times \frac{1 - \cos 11.3684°}{\cos 11.3684°} \approx 0.24\text{ (mm)} \tag{6.5.23}$$

注意到，画幅上半部扫描和下半部扫描时，$\Delta H_z$ 的符号不变，所以总的像移量就是 $\Delta H_z$.

### 6.5.4 进一步减小像移的方法

为了减小前面分析的像移，我们可以在像面前加一个平凹柱面透镜，凹面朝向像面，如图 6-21(a)所示. 柱面在子午方向有曲率，在弧矢方向没有曲率，这样的柱面会引入一定的畸变，使得像高 $H_y$ 和视场角 $u_p$ 的关系为 $H_y = f_2 \tan u_p$，变得更接近于 $H_y = k u_p$，如图 6-21(b)所示. 结果轴上点和轴外点的子午像移量同时消掉，这时只剩下轴外点的弧矢像移.

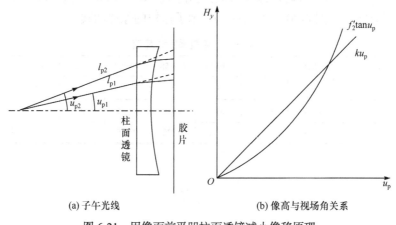

(a) 子午光线        (b) 像高与视场角关系

图 6-21 用像面前平凹柱面透镜减小像移原理

但是，由于柱面透镜的作用，弧矢像移也要变小，其原因是柱面透镜的中心薄，边缘厚，轴外光线扫描时会附加一个随柱透镜变厚而增加的正畸变，如图 6-22 所示，原来 $P_1$ 点沿实线扫描到 $P_2$ 点，而现在 $P_1$ 点沿虚线扫描到 $P_2'$ 点，从而减小 $\Delta H_z$ 的量. 柱面的曲率半径越小，这个作用越显著. 由于柱面的曲率半径是根据校正子午像移的要求确定的，所以不能完全校正弧矢像移，并且柱面曲率半径过小，会使柱面产生的像面弯曲较大，影响成像质量，得不偿失.

根据这种分析，我们可以给成像透镜组 L₂ 加上一定的正畸变，与柱面透镜的正畸变配合，以满足轴上物点子午像移校正的要求. 此时，由于透镜组 L₂ 引入了正畸变，轴外点弧矢像移减小，但由于轴外点沿斜线扫描，会伴随着产生轴外点子午像移，因此可以通过综合平衡，实现轴上点像移完全消掉、轴外点残留子午和弧矢像移都较小的结果. 这样的结果大致可如图 6-23 所示.

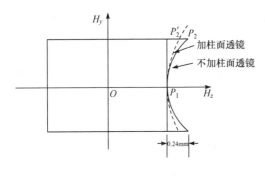

图 6-22　柱面透镜引起畸变示意图

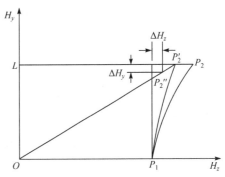

图 6-23　综合平衡像移与畸变示意图

仍沿用前面的例子来说明，设计结果如下：不加柱面透镜时，透镜组 $L_2$ 的焦距 $f_{2(球)}$ 为 44.7376 mm，加柱面镜后，子午面内组合焦距 $f_{2(球+柱)}$ 为 45.3339 mm，柱面曲率半径为 $R = 65.3\,\text{mm}$，离开像面的距离为 $l' = 1.667\,\text{mm}$，柱面产生的像面弯曲 $x_p = 0.2\,\text{mm}$，当系统相对孔径为 1:6 时，由柱面透镜的像面弯曲引起的弥散圆直径为 $\Delta = 0.033\,\text{mm}$. 当像面作适当离焦后，$\Delta = 0.016\,\text{mm}$，柱面透镜产生的像散 $\Delta l'_{st} = 0.022\,\text{mm}$. 透镜组 $L_2$ 对画幅高度 $H = 9\,\text{mm}$ 的畸变为 $D_T = 0.51\%$，加柱面镜后的组合系统的畸变为 1.256%，表 6-7 列出了这种情况下的轴上点像移，其中 $H_{y像}$ 为实际像高，即

$$H_{y像} = f_2 \tan u_p (1 - D_T) \tag{6.5.24}$$

$f_2$ 取值为 45.3339 mm，从表中可以看到轴上点像移是很小的.

表 6-7　轴上点像移量举例计算值

| $u_p/(°)$ | 1.263 | 2.526 | 3.790 | 5.053 | 6.136 | 7.579 | 8.842 | 10.105 | 11.368 |
|---|---|---|---|---|---|---|---|---|---|
| $H_{y股}/\text{mm}$ | 1 | 2 | 3 | 4 | 5 | 6 | 7 | 8 | 9 |
| $H_{y像}/\text{mm}$ | 1 | 1.999 | 2.999 | 3.999 | 4.999 | 5.999 | 7 | 8 | 9.001 |
| $\Delta H_y/\text{mm}$ | −0 | −0.001 | −0.001 | −0.001 | −0.001 | −0.001 | −0 | +0 | +0.001 |
| $D_T$ | 0.015% | 0.059% | 0.133% | 0.238% | 0.373% | 0.541% | 0.743% | 0.980% | 1.256% |

对于轴外点，先计算不加柱面透镜时的像移，然后减掉柱面透镜引起的附加像移量. 图 6-24 表示了这种计算的光线扫描情况. 如果镜头 $L_2$ 无畸变，则轴外边缘点 $P_1$ 沿 $P_1P_2$ 轨迹扫描到 $P_2$ 点，同时中心点从 $O$ 点扫描到 $L$ 点. 若镜头 $L_2$ 有畸变，则 $P_1$ 点成像到 $P_1'$ 点，并且 $P_1'$ 点沿 $P_1'P_2'$ 的轨迹扫描到 $P_2'$ 点. 同时中心点从 $O$ 点扫描到 $L'$ 点. 设 $P_2'$ 点在 $H_z$ 轴上的投影点为 $T'$，在 $H_y$ 轴上的投影点为 $K$，则此时子午像移为

$$\Delta H_y = \overline{OL'} - \overline{OK} \qquad (6.5.25)$$

弧矢像移为

$$\Delta H_z = \overline{OT'} - \overline{OP_1} \qquad (6.5.26)$$

当 $\overline{OP_1} = 12\,\text{mm}, \overline{OL} = 9\,\text{mm}$ 时，从(6.5.23)式的计算知道图 6-24 中的 $\overline{QP_2} = 0.24\,\text{mm}$，故有

$$\begin{cases} \overline{LP_2} = 12 + 0.24 = 12.24(\text{mm}) \\ \overline{OP_2} = \sqrt{9^2 + 12.24^2} \approx 15.2(\text{mm}) \end{cases}$$

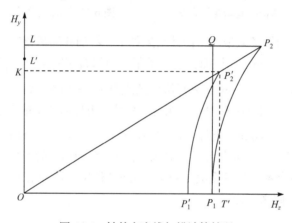

图 6-24   轴外点光线扫描计算情况

对不加柱面透镜时的透镜组的焦距 $f_{2(\text{球})} = 44.7376\,\text{mm}$，算出理想像高分别为 $9\,\text{mm}$、$12\,\text{mm}$、$15.2\,\text{mm}$ 时对应的视场角和实际像高，分别列在表 6-8 中. 从表中可以看到图 6-24 中一些线段代表的量为

$$\begin{cases} OL' = 8.954\,\text{mm} \\ OP_1' = 11.898\,\text{mm} \\ OP_2' = 15.011\,\text{mm} \end{cases}$$

表 6-8   视场角和实际像高值

| 视场角 $u_p/(°)$ | 理想像高/mm | 实际像高/mm | 畸变 |
|---|---|---|---|
| 11.3745 | 9 | 8.954 | 0.511% |
| 15.0151 | 12 | 11.898 | 0.850% |
| 18.7657 | 15.2 | 15.011 | 1.243% |

$OP_2'$ 在 $H_y$ 和 $H_z$ 轴上的投影分别为

$$OK = OP_2' \times \frac{OL}{OP_2} = 15.011 \times \frac{9}{15.2} \approx 8.888 \text{(mm)}$$

$$OT' = OP_2' \times \frac{LP_2}{OP_2} = 15.011 \times \frac{12.24}{15.2} \approx 12.088 \text{(mm)}$$

从而得子午像移 $\Delta H_y$ 和弧矢像移 $\Delta H_z$ 分别为

$$\Delta H_y = OL' - OK = 8.954 - 8.888 = 0.066 \text{(mm)}$$

$$\Delta H_z = OT' - OP_1' = 12.088 - 11.898 = 0.190 \text{(mm)}$$

　　下面计算柱面透镜引起的附加像移. 柱面透镜引起的像移影响, 可以用平板玻璃引起的像高变化来考虑. 如图 6-25 所示, 平板玻璃厚度为 $\Delta d$ 时, 入射角为 $i_{\mathrm p}$ 的光线产生的像高变化为 $\Delta h$, 可以用下式来表示:

$$\Delta h = \Delta d \times \tan i_{\mathrm p} - \Delta d \times \tan i_{\mathrm p}' \tag{6.5.27}$$

式中 $\Delta d$ 用柱面镜的中心厚度和边缘厚度的差来代入. 当柱面曲率半径为 65.3 mm 时, 由于画幅高度为 9 mm, 故柱面透镜的边缘和中心厚度差近似为

$$\Delta d = \frac{9^2}{2 \times 65.3} \approx 0.62 \text{(mm)}$$

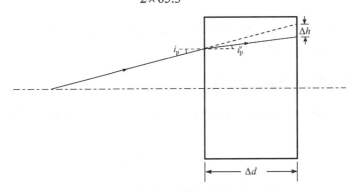

图 6-25　平板玻璃引起的像高变化示意图

对应于像高 $OP_2 = 15.2 \text{ mm}$, 轴外主光线在柱面透镜上的入射角为 $i_{\mathrm p}$, 可求出

$$\begin{cases} \tan i_{\mathrm p} = \dfrac{15.2}{45.3339} \approx 0.335 \\[2mm] \sin i_{\mathrm p} = 0.318 \\[2mm] \sin i_{\mathrm p}' = \dfrac{0.318}{n} \approx 0.210 \\[2mm] \tan i_{\mathrm p}' = 0.215 \end{cases}$$

式中 $n$ 为柱面透镜的折射率, 取 $n = 1.5163$.

将这些数字代入(6.5.27)式后，可求得 $\Delta h = 0.0755\,\text{mm}$ . 这个量对于弧矢方向的像移影响是

$$\Delta H_{z(柱)} = \Delta h \frac{LP_2}{OP_2} = 0.075 \times \frac{12.24}{15.20} \approx 0.06(\text{mm})$$

而对中心和边缘，柱面透镜产生的子午像移均相同，所以它不产生附加的子午像移.

根据对球面透镜组和柱面透镜产生的像移讨论，总的轴外边缘点的像移量为

子午像移 $\Delta h_{p(球)} = 0.066\,\text{mm}$

弧矢像移 $\Delta H_{z(球)} - \Delta H_{z(柱)} = 0.189 - 0.06 = 0.129(\text{mm})$

由于子午像移最大量是 $2 \times \Delta H_y = 2 \times 0.066 = 0.132(\text{mm})$ ，故最终效果的子午像移量和弧矢像移量相同，做到了较好的平衡.

为了保证准确的光学补偿，对透镜组 $L_2$ 的焦距有严格的公差要求. 例如，若对子午像移 $\Delta H_y$ 有 0.01 mm 的公差要求，则由于 $u_p = 0.2\,\text{rad}$ ，允许的焦距公差为 $0.01\,\text{mm}/0.2 = 0.05\,\text{mm}$ ，此时，要求焦距的相对误差为

$$\frac{\Delta f_2}{f_2} = \frac{0.05}{45} \approx 0.11\%$$

这样的公差要求一般是难以做到的，为了克服这一困难，可以在透镜中加一调整环节，用以调整焦距的微小变化.

### 6.5.5 会聚光束中的补偿旋转反射镜

还有一种旋转反射镜的补偿方法，如图 6-26 所示，反射镜置于会聚光束中，

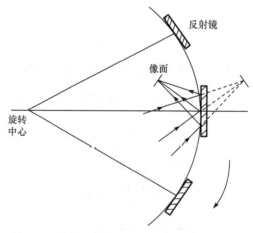

图 6-26 旋转反射镜在会聚光束中的补偿方法

绕与镜面有一定距离的旋转轴转动. 这种反射镜转动方式的影响和前面的情况有很大的不同, 现先考虑反射镜绕镜面内轴转动的情况, 然后再考虑实际的、转轴不在镜面内时的影响.

当转轴在镜面内时, 成像情况比较简单, 如图 6-27(a)所示, 是这种系统在垂直于转轴平面内的投影示意图. 图中 $O$ 是转轴, $OB$ 是反射镜, $A$ 是任一物点在此面内的投影, $A'$ 为其像的投影. 当反射镜转动时, 反射光线 $OA'$ 将绕 $O$ 点以两倍于反射镜的角速度转动. 因为 $A$ 到转轴 $O$ 的距离不因反射镜的转动改变, 故像距 $OA'$ 与 $OA$ 相等, 且也不变. 这就是说, 物点 $A$ 的像点 $A'$ 由于反射镜面的转动而画出一个圆. 若物体是和转轴平行的一条线, 那么反射镜转动时, 其像将画出一个圆柱面. 由此可见, 若物镜所成的像是以转镜为中心的圆弧, 将胶片弯曲成这种形状, 并沿着这种圆弧作等速移动, 则通过转动反射镜就可以使像和胶片一起分毫不差地运动. 但是, 这种做法要求很多镜面同时通过转轴, 将把空间分割成多块, 光路难以通过; 镜面少时, 胶片有很多时间是不曝光的, 效率较低, 因此, 这个方法不易构成有实用意义的仪器.

实际存在的仪器须是如图 6-26 那样的, 现在考虑转轴不在镜面内的影响. 当镜面绕不在镜面内的轴转动时, 以轴为中心作一圆柱面与镜面相切. 由于镜面在整个运动过程中均与之相切, 因此镜面的运动可以看作是贴在这个柱面上摆动一样. 图 6-27(b)中三条实线代表镜面的两个极端位置和一个中间位置. 所谓极端位置, 是指若超过这个位置, 则光线不能射到镜面上.

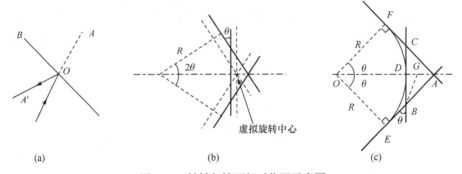

(a)　　　　　　　　(b)　　　　　　　　(c)

图 6-27　转轴与镜面相对位置示意图

设在旋转过程中, 镜面总共转过的角度为 $2\theta$, 如图 6-27(b)所示. 图中三条交于一点的虚线是假想的镜面位置. 若镜面如虚线那样转动, 那么像就如前文提出的那样将依此共同交点而转动. 因此, 现在产生的误差就在于镜面作了由实线到虚线的平移. 镜面平移就使像也作同方向平移, 移动量则加倍. 因此平移量越小越好. 要使平移量最小, 应使假想的转动中心位于三镜面所围的三角形内切圆的中心, 称此为虚拟旋转中心, 由图 6-27(c)可以看到, 在直角三角

形 $AFO$ 中, 有

$$AD = AO - DO = \frac{R}{\cos\theta} - R$$

$$AD = \frac{R(1-\cos\theta)}{\cos\theta} \qquad (6.5.28)$$

设 $G$ 为 $\triangle ABC$ 的内切圆圆心, 则

$$\angle DBG = \frac{1}{2}\angle DBA = \frac{1}{2}(90° - \angle BAD) = \frac{1}{2}\theta \qquad (6.5.29)$$

故

$$GD = DB\tan\frac{\theta}{2} = AD\frac{\tan\frac{\theta}{2}}{\tan\theta} \qquad (6.5.30)$$

像面可能发生的最大平移量即为其两倍. 由此可见, 像的模糊程度由反射镜的旋转半径和转角 $\theta$ 决定.

## 6.6 棱镜环和透镜环的补偿系统

用棱镜环或透镜环的运动产生像的运动, 也是可以达到补偿像移的目的的, 如图 6-28 所示是用棱镜环转动产生像运动的示意图. 图中底片和棱镜都固定在一转鼓上做高速运动, 故底片的移动速度和棱镜的移动速度一样. 棱镜都是直角棱镜, 物体先经照相物镜成像, 再通过棱镜棱边面, 如图 6-28(b)所示. 当棱镜转动

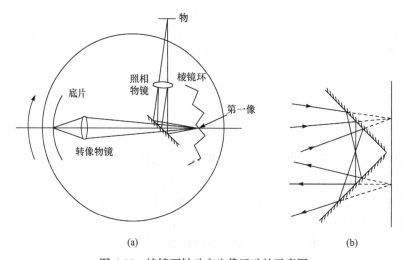

(a)                    (b)

图 6-28  棱镜环转动产生像运动的示意图

时，棱镜所成的像在同一方向，速度则加倍而运动，这种运动就可以补偿底片的移动. 因为此时像的运动速度是底片移动速度的两倍，需用一固定不动的转像物镜，将棱镜的像缩小一半成在底片上，这样像可以与底片做等速运动. 图中的底片、棱镜环、照相物镜等，实际上不是都在同一平面内的.

用透镜环的转动也可以产生像的运动，以补偿像移，这种结构之一如图 6-29 所示. 以透镜节点的运动为出发点，考虑这种结构的运动情况，可得出粗略的结果. 当透镜环与底片转动速度相同时，透镜环的透镜成在底片上的像与底片同步运动.

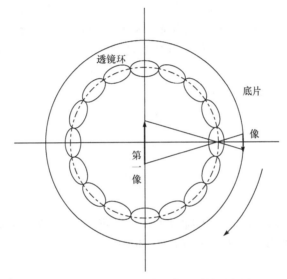

图 6-29　透镜环转动产生像运动的示意图

棱镜环和透镜环的运动方式是与底片的运动方式一致的，可以由同一鼓轮的运动来完成，因此它们的运动方式简单，易于得到高速度，可摄得的照片数则由鼓轮直径确定.

## 6.7　同一照片上记录多个像的方法

照片上所记录下的物体的信息表示为一个个分立的点，每点有各不相同的亮度值，点数越多，则信息也越多. 至于这些点是排列在一条线上，还是排列在一个方框内，还是排列在几条线上等，对问题的实质并没有什么影响，只要保持一一对应的关系即可. 我们完全可以把照片上原来排列在方框内的点列重排后加以记录，而后在观察时将它复原即可.

这种重排可以为高速摄影带来方便. 最简单的重排方法是网格法，将像面分隔为很多条(或很多点),用这种方法可以在一张照片上记录多个像. 网格法可以分为两类,即光阑网格法和物面网格法. 光阑网格法是将光阑分割为数块,照片上记录的是光阑的像；物面网格法则是直接将物面,也即像面,分割为小块分别摄影.

用于高速摄影时, 光阑网格的应用如图 6-30 所示. 在物镜的光阑面上置一个可移动的狭缝形光阑,像面上置柱形微透镜,其母线方向与狭缝高度方向平行. 微透镜将狭缝成像于底片上,微透镜的位置则与物面共轭. 当狭缝移动时,每个微透镜都在底片上成一系列的狭缝的像,这些像的亮度与该微透镜共轭物面上小范围内的平均亮度相对应. 微透镜有几条,则物体就被摄出可分辨几条线的像,而每条微透镜宽度内底片能分辨的总线数就是能分辨的照片总数. 因此,当确定了底片分辨能力 $\gamma$、欲分辨的物体线数 $n$、欲拍摄的照片总数 $m$ 后,底片宽度 $h$ 和微透镜像面宽度 $d$ 都定了,即

$$nd = h$$
$$d = \frac{m}{\gamma} \tag{6.7.1}$$
$$h = \frac{m \cdot n}{\gamma}$$

例如, 当底片分辨能力 $\gamma$ 为 40 Lp/mm 时,欲得 80 张照片,每张照片分辨物体 150 Lp, 则可计算得到, $d = 2\,\text{mm}$ , $h = 300\,\text{mm}$ .

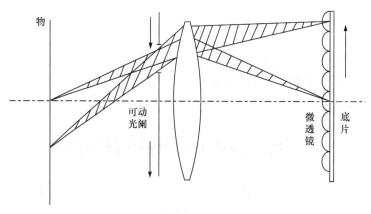

物

可动
光阑

微
透
镜

底
片

图 6-30    光阑网格法记录多个像示意图

这种高速摄影方法的时间分辨率与空间分辨率也是相互制约的. 当狭缝光阑的移动速度 $v$ 有限时,每一底片元的曝光时间 $t$ 仍然由能分辨的物体线数决定. 参看图 6-31,设微透镜对照相物镜光瞳的张角为 $u$ ,微透镜数为 $m$ ,亦即摄得像的

可分辨线对数，由于空间的限制

$$um \leqslant \pi \tag{6.7.2}$$

为了使狭缝宽度 $vt$ 能被光束成像而分辨，根据衍射条件，$t$ 必须满足

$$uvt \cos\theta \geqslant \lambda \tag{6.7.3}$$

即

$$t \geqslant \frac{\lambda}{uv\cos\theta} = \frac{m\lambda}{\pi v\cos\theta} \tag{6.7.4}$$

当 $m=1$，$\lambda=0.0005\,\text{mm}$，$\pi v\cos\theta=500\,\text{m/s}$ 时，得 $t \geqslant 10^{-9}\,\text{s}$. 由于 $u$ 不可能是 $\pi$，故这个时间极限实质上是不可能达到的. 若要求分辨率线数增加，则曝光时间必然加长. 也就是说，当机械速度处在数百米每秒的数量级时，用光阑网格法并不能使曝光时间小于 $10^{-9}\,\text{s}$ 的数量级，但是用光阑网格法可以得到更多张照片，因此，可以说光阑网格的作用在于增加照片数. 光阑网格可以比作照相机的中心快门，也可以看作多架相机分别依次曝光，只是这里的多架照相机有特别的结构而已.

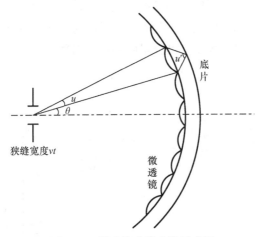

图 6-31　微透镜成像光路示意图

物面网格与光阑网格有很大的不同，其结构如图 6-32 所示. 它不是分割光阑，而是直接将物面，也即像面，分割为小块分别摄影. 在物镜焦平面前置有一多狭缝组成的网格，底片则紧靠网格，每条狭缝与一相邻的不通光部分组成网格的一个单元，网格的总位移量等于此一单元的总宽度. 由此可见，底片记录下的是与此单元共轭的物面上相应小区域内不同地方不同时间的情况. 我们在观察照片时，把它粗略地看作是一个"点"在不同时间的情况，也即看到的是此一小区域内的亮度平均值.

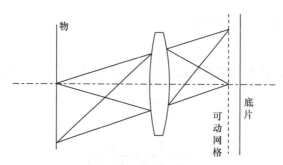

图 6-32    物面网格法记录多个像示意图

物面网格可以看作是照相机的帘缝快门，也可以看作是 6.8 节所述线缝记录法的改进，即这种方法可以看作是先将物体分成一条一条线分别加以扫描记录，从而就可以摄出任意物体的像面，而不须为运动补偿. 这种摄影方法的时间分辨率与空间分辨率及照度也是互相制约的.

物面网格法中，网格相对于像面做高速运动才可能有高的时间分辨能力，而网格又要与像面紧密贴合，为满足这些要求，一般用转像物镜将网格成像在底片上，如图 6-33 所示. 运动网格或运动底片或使物体的像运动，都能产生同样的相对运动，故可随情况的不同而方便地选择. 网格的通光缝宽度在底片上的像应与底片分辨能力相当，网格数就是可分辨的物体线对数.

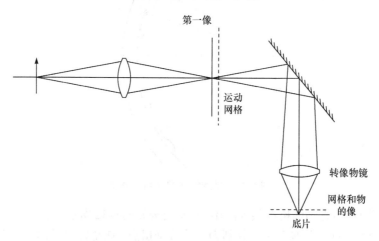

图 6-33    用转像物镜对运动网格成像示意图

根据前面的讨论可以看到，重新排列可以为高速摄影带来显著的优点，光阑网格可以增加照片数，而物面网格则可使高的扫描速度成为摄影速度.

# 6.8　线缝记录法的光学问题

下面讨论一下线缝记录法的光学问题. 将欲记录的线缝成像在感光面上，将胶卷垂直于此线像作高速移动，即可记录下此线发生的现象变化情况. 光学成像如图 6-34 所示.

设感光层的分辨能力为 40 Lp/mm，胶片以 20 m/s 的速度拉过像面时，可分辨的时间间隔为

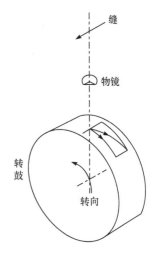

$$\frac{1}{20000\times 40}=1.25\times 10^{-6}\,(\mathrm{s})$$

当胶片固定在转鼓上，随转鼓旋转而移动时，移动速度可达 200 m/s，于是可分辨的时间间隔可达 $1.25\times 10^{-7}$ s.

在这些方法中，改进的可能性受运动能达到的速度所限制，但它们对照相物镜则没有什么限制，因此像面上的照度可随照相物镜的相对孔径加大而增加. 利用转镜使线像在胶片上扫过，而胶片本身不动时，线像相对于胶片的

图 6-34　线缝记录法光学成像示意图

速度可以更高，从而有更高的时间分辨能力. 但由于转镜边缘速度的限制，线像速度并不能够无限提高.

如图 6-35 所示，设物镜孔径角为 $u$，像在胶片上的移动速度为 $V_1$，则经过时间 $t$ 以后扫过的像高 $\eta=V_1 t$，两者决定的拉氏不变量为

$$j=\eta u=tuV_1 \tag{6.8.1}$$

设转镜长度为 $a$，与光轴的夹角为 $\theta$，转速为 $\omega$，则由图 6-35 知

$$a\cos\theta=lu,\quad 2l\omega=V_1 \tag{6.8.2}$$

故

$$j=t\times\frac{a\cos\theta}{l}\times 2l\omega=2a\omega t\cos\theta \tag{6.8.3}$$

设转镜边缘线速度为 $V_{\mathrm{p}}$，即

$$V_{\mathrm{p}}=\frac{1}{2}a\omega \tag{6.8.4}$$

则

$$j = 4V_p t \cos\theta$$

$$\frac{j}{t} = u \times v_1 = 4V_p \cos\theta \tag{6.8.5}$$

由此可见，线像扫描速度$V_1$和孔径角$u$的乘积与转镜边缘线速度成正比. 在一定时间内，孔径角越小，则扫描速度越大. 例如，$u = 0.2 \text{ rad}$，$V_p = 500 \text{ m/s}$时，若$\theta = 0°$，则$V_1 = 10^4 \text{ m/s}$，已比转鼓速度快40倍之多. 在分辨40 Lp/mm时的极限孔径角为$u = 0.02 \text{ rad}$，由此决定的时间分辨率可达$2.5 \times 10^{-10} \text{ s}$. 这就是由于材料限制而能达到的最高扫描速度和分辨能力. 增大速度是减小了孔径角$u$，因而这是以降低空间分辨能力和减小照度作为代价的.

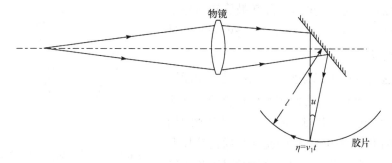

图 6-35　线像记录光路示意图

## 6.9　全息高速摄影

由于激光的问世，伽博 1949 年提出的"光学成像的二步方法"在 1962 年以后得以成功实现. 这种方法不同于普通的摄影，既记录光的强度变化，又记录物体的相位，所以称为"全息".

全息术在高速摄影中有较多的应用，同时还有其特别的好处. 研究气体或流体中的火花放电或爆炸等引起的扰动规律、观察冲击波和压缩波、研究风洞中的环流体等，一般都是将阴影法、纹影法或干涉法等各种装置和高速摄影机一起联合使用，这种组合装置的结构相当复杂，条件也比较严格. 在全息高速摄影中，由于记录了相位变化，便可容易地获得这种变化图像. 同时，全息图像还可以是三维的.

将全息术用于高速摄影还有其他优点：一是在记录过程中不需要准确地对焦，采用普通高速摄影时，画幅曝光量很低，严格的焦面记录很重要. 采用高速全息摄影时，在全息片记录的是三维信息，无须担心景深，所以用普通照相机记录时，可以调焦到任意的面上，它特别适合于一些破坏性试验中起始位置很难预测的研究．二是这种记录具有多重记录性．全息摄影可以在同一张底片上储存很多物体的信息，也就是说可以记录不同的几张像，在使图像再现时，只要改变参考光的角度就可以将它们逐个地分离出来，利用这一特性可以制成全息高速分幅相机．同时由于记录现象的深度很大，可以把现象重叠在纵深方向，记录在全息照片上，事后使其分离也是可能的．

　　全息摄影的第一步是用底片记录物波和参考波的干涉图样，叫做全息图，如图 6-36 是全息图制作光路示意图．由激光器发出的光经分束器后，一部分由反射镜反射回来作为参考光，另一部分则由物体反射回来，两者相干记录在底片上．

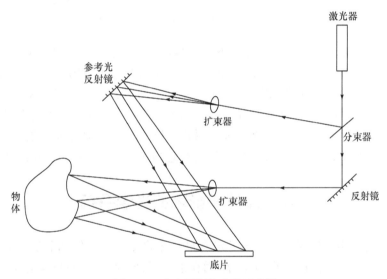

图 6-36　全息图制作光路示意图

　　第二步是抽去物光，用参考光照明全息图，得到物体光波的再现．

　　全息高速摄影和普通摄影的原理大体是相同的，但全息高速摄影中，由于要求短的曝光时间，除要求光源的相干性好以外，还要求有大的功率，对底片则要求既有高的灵敏度，又有高的分辨率．

　　全息高速摄影的试验装置已有多种．图 6-37 所示是一种转镜式全息高速摄影光路示意图．光源用红宝石激光器，光电调 Q 开关是一个泡克耳斯盒，使光脉冲与事件达到良好的同步，得到一张重叠十次记录的间歇曝光的全息图．

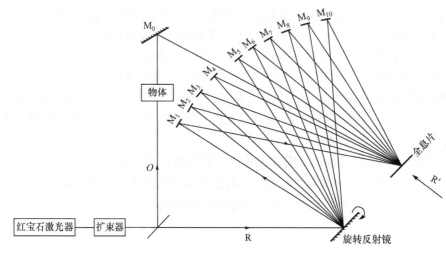

图 6-37　转镜式全息高速摄影光路示意图

　　从红宝石激光器发出的激光束被分束器分成物光束 O 和参考光束 R，参考光束 R 经旋转反射镜反射后，依次被小反射镜 $M_1 \sim M_{10}$ 反射到全息片上，两光束在底片上相干，得到一张全息图. 当旋转反射镜旋转时，参考光束依次经过反射镜 $M_1 \sim M_{10}$，从而在同一张底片上记录了十个画幅. 把经过处理的全息片放回原处用激光器照明，拦去物光，慢慢转动旋转反射镜，即可在 R′ 方向上依次看到原来事件的三维景象，也可以进行拍摄. 这是全息高速摄影的一种很成功的装置.

## 6.10　高速摄影用的光学系统

　　多数高速摄影机对光学系统并没有很特殊的要求. 在转镜相机中，为达到高速，要求光学系统传递较小的光管. 而在某些场合，则有一些特殊的要求. 如在光学补偿底片运动的方法中，有长工作距离的要求、对畸变的要求和光瞳在光学系统外面的要求等. 在用玻璃纤维重新排列像元传像时，则物镜宜有大的相对孔径.

　　高速摄影的对象有近有远，需要的视场角有大有小，所以其光学系统有长焦距、中焦距，也有短焦距系统. 这些光学系统与普通照相物镜的结构基本上是一样的，长焦距系统有双胶合或双分离的折射系统，有折射元件与反射元件组合在一起的折反射系统. 中焦距则为双高斯系统或其衍生系统，如图 6-38 所示的结构. 短焦距广角物镜则多用反远距系统，一种结构如图 6-39 所示，后面配的柱面校正镜可以适应的焦距范围很广. 这种反远距镜头后工作距离可以很长，在镜头焦距为 18 mm 时，仍可满足要求.

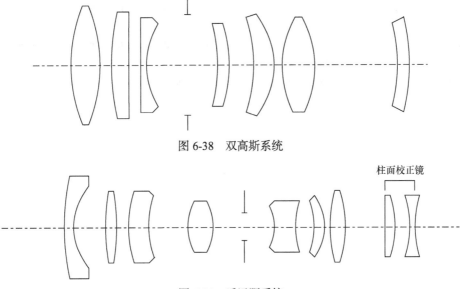

图 6-38　双高斯系统

图 6-39　反远距系统

柱面校正镜

　　在中等视场及大相对孔径的高速摄影机用物镜中,也常用匹兹凡型照相物镜,如图 6-40 所示. 这种系统的光阑可以放在双胶合透镜组上. 一些高速摄影光学系统有广泛的使用要求时，也有使用变焦距光学系统的.

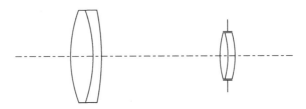

图 6-40　匹兹凡型照相物镜

# 参 考 文 献

李景镇. 1978. 转镜式超高速分幅相机结构参数的分析//《全国高速摄影会议论文选集》编辑组. 全国高速摄影会议论文选集. 北京: 科学出版社: 26-36.

李育林, 赵葆常. 1978. 高速全息摄影概述//《全国高速摄影会议论文选集》编辑组. 全国高速摄影会议论文选集. 北京: 科学出版社: 135-146.

乔亚天. 1978. 光学补偿相机中旋转棱镜的计算分析//《全国高速摄影会议论文选集》编辑组. 全国高速摄影会议论文选集. 北京: 科学出版社: 74-89.

王之江. 1959. 光学仪器通论. 中国科学院长春光学精密仪器研究所.

杨观察, 韩昌元. 1978. 35 毫米反射镜光学补偿式高速电影摄影机研制中的几个问题//《全国高速摄影会议论文选集》编辑组. 全国高速摄影会议论文选集. 北京: 科学出版社: 90-104.

喻泰. 1966. 应用光学. 北京: 科学出版社.

浙江大学. 1978, 180 条带式画幅摄影机//《全国高速摄影会议论文选集》编辑组. 全国高速摄影
　　会议论文选集. 北京: 科学出版社: 147-152.

中国科学院西安光学精密机械研究所. 1980. 近代光学讲座(一).